燃煤电厂
输灰系统及控制技术

齐立强　王少平　编著

北　京

冶　金　工　业　出　版　社

2014

内 容 提 要

随着我国可持续发展战略的实施和环境保护、粉煤灰综合利用的发展，燃煤电厂气力输灰技术得到了广泛的应用。本书对燃煤电厂气力输灰系统的运行方式、工作原理、系统控制及运行维护中常见故障的分析处理进行了系统的讲述。全书分为气力输灰系统和输灰系统控制技术两篇，共 10 章，内容包括粉煤灰物理化学特性及气力输送基础理论、燃煤电厂气力输送设备及系统运行、自动控制基础、开关量控制及可编程序控制器等，并对当前燃煤电厂应用较广泛的气力输送系统的控制过程进行了详细的阐述。

本书可供从事燃煤电厂气力输送技术的基础研究人员、运行和检修等工程技术人员及生产管理人员参考，同时可作为高等院校相关专业的教学参考书。

图书在版编目（CIP）数据

燃煤电厂输灰系统及控制技术／齐立强，王少平编著. —北京：冶金工业出版社，2014.9

ISBN 978-7-5024-6726-5

Ⅰ.①燃⋯　Ⅱ.①齐⋯　②王⋯　Ⅲ.①燃煤发电厂—输灰系统—控制系统—研究　Ⅳ.①X773.012

中国版本图书馆 CIP 数据核字（2014）第 209174 号

出 版 人　谭学余
地　　址　北京市东城区嵩祝院北巷 39 号　邮编　100009　电话　（010）64027926
网　　址　www.cnmip.com.cn　电子信箱　yjcbs@cnmip.com.cn
责任编辑　于昕蕾　美术编辑　吕欣童　版式设计　孙跃红
责任校对　禹 蕊　责任印制　牛晓波
ISBN 978-7-5024-6726-5
冶金工业出版社出版发行；各地新华书店经销；北京佳诚信缘彩印有限公司印刷
2014 年 9 月第 1 版，2014 年 9 月第 1 次印刷
169mm×239mm；14.75 印张；285 千字；226 页
58.00 元

冶金工业出版社　投稿电话　（010）64027932　投稿信箱　tougao@cnmip.com.cn
冶金工业出版社营销中心　电话　（010）64044283　传真　（010）64027893
冶金书店　地址　北京市东四西大街46号（100010）　电话　（010）65289081（兼传真）
冶金工业出版社天猫旗舰店　yjgy.tmall.com
（本书如有印装质量问题，本社营销中心负责退换）

前　　言

随着国民经济的快速发展，燃煤发电厂发电机组的单机容量不断增大，其所排放的粉煤灰量大幅增加。而我国水资源、土地资源日益紧张，国家对环境保护的要求也越来越高，使得燃煤电厂气力输灰技术逐步推广。气力输灰具有大量节省冲灰水、利于粉煤灰的综合利用、减少灰场占地、避免灰场对地下水及大气环境的污染等优点。此外，干式除灰所得的粉煤灰已作为一种资源被广泛开发利用，在建工、建材等领域开辟了前所未有的市场，取得了明显的经济效益和社会效益。因此，近年来，气力输送技术在我国燃煤电厂的应用进入了快速发展阶段。并且，随着我国可持续发展战略的实施和环境保护、粉煤灰综合利用的发展，燃煤电厂气力输灰技术的应用前景将会越来越好。

在国内应用气力输灰系统的燃煤电厂中，有的是直接从国外引进的系统及设备，有的则通过合资方式，利用国外技术在国内生产的系统及设备。但在实际运行中，都存在着一些问题，如出力不足、堵管频繁以及管道磨损严重等。因此，对于气力输灰技术的基本理论及控制技术的研究与普及就显得尤为重要。

全书共两篇十章，第一篇介绍了粉煤灰气力输送应用基础和输送原理、气力除灰设备及除灰系统的组成；第二篇介绍了自动控制及开关量控制系统基础，以及气力输灰系统的安装、运行控制，系统运行维护与故障分析等。

本书第一、二、四、六、七、八章由华北电力大学齐立强编写，第三、五、九、十章由福建龙净环保股份有限公司王少平编写，由于经验和编撰水平有限，内容也难免有诸多不尽妥切之处，敬请读者指正。

　　本书在编著过程中华北电力大学原永涛教授给予了热情支持，并提供了不少宝贵资料，在此谨致敬意。

作　者

2014 年 5 月

目　　录

第一篇　燃煤电厂气力输灰系统

第二篇 输灰系统控制技术

第一篇

燃煤电厂气力输灰系统

RANMEI DIANCHANG QILI SHUHUI XITONG

第一章 粉煤灰物理化学特性

粉煤灰的粒度大小、形状及密度、电性质等物理性质和化学性质对其气力输送过程均有一定的影响。此外，湿度、颗粒紧密程度、透气性的好坏以及其他参数的变化也都会对输送过程产生影响。因此，我们常常面临这样的课题，即利用有限的知识来预测系统的操作性能，如物料在贮仓、料斗及管道中如何流动，自由流动还是强制性流动，均匀性移动还是非均匀性移动；透气性是否充分；吸收潮气并结块否；腐蚀或风化作用的影响；在料斗或贮仓中物料架桥、起拱或溢流；由于静电作用引起物料附着或黏着等。

上述的这些问题都和散状固体物料的基本性质和特征有关，而这些问题又决定了工艺过程、输送和贮存的方法以及选择系统适用的设备和器材类型。

第一节 粉煤灰的矿物特征与化学成分

一、粉煤灰的矿物特征

粉煤灰中大部分颗粒是无定形的玻璃体和含量变化很大的碳，而结晶相则以莫来石和石英为主，此外尚有少量磁铁矿、赤铁矿、方解石、长石、金红石等。

在显微镜下以透射光观察粉煤灰，除形状不规则的不透明炭粒和少量明晰可辨的玻璃屑、石英等颗粒外，主要是颜色深浅不一的圆球状和形状不规则的半透明颗粒。后者在正交镜下呈现出微弱的轮廓不明的干涉色，称为多孔玻璃体，造成干涉色的正是其玻璃体内所包裹着的莫来石等晶体。至于那些圆球，其颜色可在无色-红综色-全黑之间变化。显然，它们主要是由玻璃体组成的。颜色的差异是由玻璃体中铁、钛之类着色能力很强的氧化物含量不同所致的，浅色的含铁量较低，深色的含铁量较高。那些不透明的富铁圆球又往往具有很强的顺磁性，能通过磁选把它们与密实玻璃珠分开，因此可以把它分成独立的一类——磁性玻璃珠。

我国粉煤灰颗粒的矿物组成见表 1-1。

二、粉煤灰形态特征

粉体形状是以其外表面状况来表示的颗粒特性。不规则度是实测的颗粒外表

表 1-1　我国粉煤灰矿物成分大致分布

矿物名称	莫来石	石 英	一般玻璃体	磁性玻璃体	碳
分布值/%	11.3~30.6	3.1~15.9	42.2~72.8	0~21.0	1.2~23.6
平均值/%	20.7	6.4	59.7	4.5	8.2

注：一般玻璃体包括密实玻璃体和多孔玻璃体，磁性玻璃体为包括有磁铁矿、赤铁矿晶体的富铁玻璃珠。

面积和把颗粒假想成球形的表面积之比，这样就可部分地确定颗粒的形状。颗粒形状对粉体许多性能的影响程度与粒度相比，往往是有过之而无不及。例如，颗粒的比表面积、流动性、密实度、填充层对流体透过的阻力以及在流体中的运动阻力（会影响气力输送速度）等。但是，颗粒形状的测量与表达都远远难于粒度。

粉煤灰颗粒的形态分类在国内外文献资料中很不统一，但一般可以分为三种颗粒：

（1）球形颗粒。这种颗粒由硅铝玻璃体组成，呈圆球形，表面一般比较光滑，有的有微小的 α-石英和莫来石析晶。

当经过高温区的时间较长，且燃烧温度较高时，煤粉颗粒很容易形成熔融体；或者温度虽然不是很高，但当煤粉颗粒含高熔点物质少、含低熔点的物质相对较多时，也很容易形成熔融体。熔融体有较低的黏度和较大的表面张力，在表面张力的作用下，熔融液滴很容易形成球形，若该液滴迅速冷却，即形成球形玻璃体。在这类球形玻璃体颗粒中，其中一种颗粒表面极其光滑，它富集了原灰中钙（CaO），称之为富钙玻璃体或富钙玻璃珠，简称 SRC，也称密实玻璃体或密实玻璃微珠；这些颗粒较细，尺寸多在几微米至几十微米。另一类微珠颗粒表面光滑程度较差，但外形仍呈球状，它富集了原灰中的铁（Fe_2O_3、Fe_3O_4），称之为富铁玻璃体或富铁玻璃微珠（简称 SRF）也称磁铁玻璃体或磁性玻璃珠，这些颗粒较大，尺寸在几十微米左右。

（2）不规则的多孔颗粒。这种颗粒分为两类：一类为多孔碳粒，另一类是由熔融的硅铝玻璃体组成的。

当燃烧温度比形成球形玻璃体温度低，煤粉经过高温区时间较短，颗粒中含有高熔点的物质较多时，不能使煤粉颗粒完全熔融，并具有较高黏度和较小的表面张力，不容易形成圆球形颗粒。煤粉在燃烧过程中，气体的形成和逸出使熔滴的体积急剧膨胀并形成多孔，冷却后即形成多孔玻璃体。在其颗粒形成过程中，若有一部分气体逸出，则此多孔玻璃体具有开放性孔穴，表面形成蜂窝状结构，用扫描电子显微镜即可观察出它的形貌；若有一部分气体未逸出，仍包裹于颗粒之中，则此多孔玻璃体具有封闭性空穴，内部形成蜂窝状结构。多孔玻璃体具有较大的内比表面积，它的表面黏附有很多细小的密实玻璃微珠，还黏附有部分晶体矿物。这些颗粒很大，多在几十微米至几百微米。通过对多孔玻璃体进行机械磨细处理，可以使被黏附的微珠释放出来，并将改变多孔玻璃体的一系列物理特性。多孔玻璃体富集了粉煤灰中的硅和铝，但很少称它为富硅或富铝玻璃体，而仍称它为多孔玻璃体（PVG）。一般的多孔玻璃体既有开放性空穴，也有封闭性空穴。

（3）不规则颗粒。这类颗粒由两部分组成：一部分是结晶矿物的颗粒及碎片，另一部分是玻璃碎屑。晶体矿物主要有石英、莫来石、赤铁矿、磁铁矿等，还有少量碎屑状炭粒。

粉煤灰中玻璃体颗粒极其稳定，在堆场中经过三十余年的风化作用后，几乎没有发现任何裂纹、析晶和其他破坏的痕迹。

除了部分玻璃体、玻璃碎屑和石英颗粒外，显微镜下很少能找到某一物相组成的单独颗粒，即各种物相一般都以多相聚合体的颗粒形式存在。如在漂珠、密实玻璃珠、多孔玻璃体、玻璃碎屑及磁性玻璃珠中均存在玻璃体，但因其成分及与之共存的物相、结构特征上的差异，出现了不同的颗粒组分，而粉煤灰的一系列特征一般均由这些颗粒的性质反映出来。在尽可能不破坏其颗粒结构的条件下，对密实玻璃珠、多孔玻璃体、磁性玻璃体、炭粒及石英等主要颗粒组成进行分选是一种难度较大但又非常有意义的工作，特别是对粉煤灰中的石英和莫来石等晶体矿物，要选出来更是不易。

除以上三种颗粒外，粉煤灰中还有一种相对密度很小的漂珠，其相对密度小于 1，是制造保温、耐火材料的良好原料。若不注意收集，会随水漂走流失，造成资源浪费。

三、粉煤灰的化学组成

通常粉煤灰化学成分全分析包括 SiO_2、Al_2O_3、Na_2O、K_2O、CaO、MgO、TiO_2、Fe_2O_3、SO_3 及飞灰中可燃物含量分析。若需要的话，还应分析出 Li_2O、P_2O_5。

粉煤灰的化学成分主要为氧化硅、氧化铝，两者总含量一般在 60% 以上。有些原煤成分特殊，使粉煤灰的氧化钙含量在 10% 以上；有些原煤中黄铁矿含量很高，致使粉煤灰中 Fe_2O_3 含量较高。

国内外很多研究学者根据含钙量将粉煤灰分为两大类：即低钙型粉煤灰和高钙型粉煤灰。当燃用烟煤和无烟煤时，所得多为低钙型粉煤灰；燃用次烟煤或褐煤时，所得多为高钙型粉煤灰。高、低钙型粉煤灰的界限，并无一个定值，一般将 CaO 含量在 8% 以上者视为高钙型粉煤灰。按联合国组织欧洲经济委员会的推荐，粉煤灰可分为硅酸盐粉煤灰、铝质粉煤灰和钙质粉煤灰。也有人建议将粉煤灰按硅质、钙质和铁质划分类别。

我国粉煤灰中 CaO、Na_2O、K_2O、SO_3 含量偏低，烧失量偏高，熔融矿物总量（即 K_2O、Na_2O、CaO、MgO、Fe_2O_3）也低。我国粉煤灰化学成分如表 1-2 所示。

表 1-2　我国粉煤灰的化学成分分布

成分	SiO_2	Al_2O_3	Fe_2O_3	CaO	MgO	SO_3	K_2O	C
含量/%	33.9~59.7	16.5~35.4	1.5~15.4	0.8~10.4	0.7~1.8	0~1.1	0.7~3.3	1.0~23.5

炭粒尽管不属于粉煤灰的化学成分，但却是粉煤灰极为重要的物质组分。因此在对粉煤灰的化学成分分析报告中，粉煤灰的含碳量是不可缺少的一项指标。

粉煤灰含碳量与煤种、煤粉细度、锅炉燃烧方式、容重和收尘方式等有关，而炭粒的结构类型则与煤种关系最为密切。烟煤煤粉燃烧时，除含有较多的碳外，还有较多的挥发分和煤焦油等组分，加热时产生胶质体，在短暂的高温热动力作用下，挥发份和煤焦油等组分急剧膨胀，发泡排气，氧化燃烧和熔融。其中大部分经氧化损失掉之外，少量经急冷残留下来的颗粒形成了多孔炭粒。无烟煤颗粒燃烧时，含碳量很高，挥发分和焦油很少，质地致密，在短暂的高温热动力作用下，除主要因氧化燃烧损失外，很少发泡排气、膨胀和熔融，只是质地变得较燃烧之前疏松，所以在急剧冷却后，仍保持着稍加钝化了的棱角和外形。

若将粉煤灰中的漂珠、密实玻璃体、磁性玻璃体，多孔玻璃体与炭粒进行比较，在物理特性方面亦有很大的差异。富铁玻璃体、密实玻璃体的相对密度、容重均较大，粒径及比表面积均较小；而炭粒和多孔玻璃体，相对密度和容重均较小，粒径和比表面积均较大。这些都对粉煤灰的输送有着一定的影响。

第二节　粉煤灰的密度、孔隙率和密实度

一、粉煤灰密度

物质的密度即为单位体积或容积内该物质的质量，即 $\rho = m/V$。对于一种单相物质，如液体、气体及玻璃、钢材、塑料等密实固体材料，质量 m 和体积 V 存在着一定的相关性，其体积 V 在常温、常压下是一常数，当温度、压力发生变化时，其密度可以通过一定的函数关系计算出来。而诸如粉煤灰等粉体物料却不同，它是由无数微细固体颗粒聚合在一起的松散物质，属于非单相物质。从表面上看，它似乎属于固体，但是在颗粒之间及颗粒表面的孔隙和缝隙中充满了气体，因此粉料是由固体和气体组成的气固混合体，属于两相物质。如果将其吸附

的水分考虑在内，则成为更为复杂的气、固、液三相混合体。因此粉料的体积密度不能单纯按固体考虑。粉煤灰的情况更为复杂，因为粉煤灰中不同的颗粒，其粒度、比表面积、表面形状等均有很大不同，因而灰体松散性和孔隙率也就不同。灰的粒度越细，比表面积越大，孔隙率就越高，体积 V 也就越大，因而密度也就越小。即使同一种粉煤灰，其密度也会因所处的环境温度、压力的不同而不同。

在工程上，根据用途的不同，一般将粉料密度划分为堆积密度、视在密度、真密度和气化密度等几类。在粉体气力输送技术中应用最多的是堆积密度、真密度和气化密度。

（一）堆积密度 ρ_d

粉体的颗粒与颗粒间有许多空隙，在粒群自然堆积时，单位体积的质量就是其堆积密度，或以一定的方法将颗粒物料充填到已知的容器中，容器中粉料的质量除以容器的体积即为粉体物料的堆积密度。

堆积密度通常采用量筒测定，按下式计算：

$$\rho_d = (G_2 - G_1)/V_d \times 1000 \tag{1-1}$$

式中　ρ_d——粉煤灰的堆积密度，kg/m^3；

G_1——量筒质量，kg；

G_2——量筒与灰样的总质量，kg；

V_d——量筒的容积，L。

粉煤灰的堆积密度大多在 $500\sim800kg/m^3$ 之间变化。粉煤灰的堆积密度是灰斗、灰库设计的主要参数之一。

（二）真密度 ρ_p

真密度特指粉料质量 m 与其固体颗粒净体积 V_s 之比，即：

$$\rho_p = m/V_s \tag{1-2}$$

颗粒净体积不包括颗粒之间及颗粒的表面孔隙和缝隙中的气体体积。由于颗粒表面孔隙和缝隙中的气体与颗粒之间的附着力很强，常规的液体浸泡法（如长颈比重瓶法）是不能将之排除的。目前有效的方法是抽真空法和煮沸法。

真密度被广泛应用于燃煤电厂除尘和除灰技术中，是除尘除灰系统设计计算的最基本参数。需要指出的是，粉煤灰中存在大量的空心漂珠，空心漂珠中含有 N_2、O_2 等气体。这部分特殊颗粒内的气体是处于封闭状态的，无法也不必将其排除，在除尘、除灰技术领域将此部分气体视为颗粒的一部分，因此粉煤灰真密度的"颗粒净体积"应该包括空心漂珠内部的封闭气体。粉煤灰的真密度通常在 $1.8\sim2.4g/cm^3$ 之间波动（表1-3）。

表 1-3　我国若干电厂粉煤灰物理性质

名称	表观密度 /g·cm⁻³	堆积密度 /g·cm⁻³	真密度 /g·cm⁻³	80μm 筛余量 /%	45μm 筛余量 /%	透气法 比表面积 /cm²·g⁻¹	标准稠度 需水量 /%
范围	1.92~2.85	0.5~1.3	1.8~2.4	0.6~77.8	2.7~86.6	1176~6531	27.3~66.7
平均值	2.14	0.75	2.1	22.7	40.6	3255	48.0

（三）气化密度 ρ_q

粉煤灰的气化密度是专门针对灰层处于气化状态时定义的。当灰层在气化风的作用下处于气化状态时，体积膨胀，孔隙率大大增加。此时单位体积粉煤灰的质量称为气化密度。很显然，粉煤灰的气化密度 ρ_q 小于堆积密度 ρ_d。气化密度的大小取决于气化效果的好坏，而气化效果与气化设备形式、气化风量和风压、粉煤灰性质等因素有关。从理论上来讲，当风量达到使灰层充分流态化的临界气化风量时，粉煤灰的孔隙率达到最大，此时气化密度 ρ_q 最小；当气化风量为零时，$\rho_q = \rho_d$。在同等气化风量下，气化效果的好坏还取决于粉煤灰自身的粒度、湿度、温度以及灰层厚度等一系列因素。因此，在工程设计中，粉煤灰的气化密度 ρ_q 应通过实测确定。当无法获得实测数据时，也可按下式确定：

$$\rho_q = 0.75\rho_d \tag{1-3}$$

气化密度 ρ_q 也是粉煤灰气力输送系统某些设备，如灰斗气化装置、灰库气化装置、空气斜槽以及流态化仓泵设计中的主要参数之一。

二、孔隙率和密实度

当粉煤灰处于自然堆积状态时，其含有的气体体积与其堆积体积之百分比即为孔隙率，用 ε 表示；同理，其颗粒体积与堆积体积之比即为密实度，用 ψ 表示。孔隙率与密实度为互补关系，即：

$$\varepsilon + \psi = 1 \tag{1-4}$$

因为

$$\psi = V_s/(V_s + V_a) \tag{1-5}$$

$$\psi = [m/(V_s + V_a)]/(m/V_s) \tag{1-6}$$

所以，密实度与堆积密度、真密度存在下列关系：

$$\psi = \rho_d/\rho_p \tag{1-7}$$

同理，孔隙率可用下式表示：

$$\varepsilon = 1 - \rho_d/\rho_p \tag{1-8}$$

第三节　粉煤灰的粒径

一、粉体颗粒的粒径

　　粉体颗粒的大小是粉尘最基本的特性之一。颗粒大小通常以粒径表示，可是，粉尘一般都指包含各种不同大小颗粒在内的粒子群，单个颗粒的粒径是用肉眼难以直接观察得到的，因此，对于粉尘的大小通常以粒子群的"粒度"来表示。

　　粉煤灰的许多物化性质都与粒度有着密切的联系。粉煤灰作为大量固体微粒的聚合体，其整体粒度的"大小"取决于单一颗粒的"粒径"分布。粒径一般用来描述单个粒子的"大小"，粒度通常用于描述粉料的"粗细"，这也是"粒度"和"粒径"的微小区别所在。

　　在不同的应用领域，由于对粒径"大小"的观测方法不同，形成了几十种不同的粒径定义。但总体上不外乎两大类型：一类是几何粒径，一类是物理粒径。

　　所谓几何粒径，是对颗粒的"几何尺寸"大小的度量，如用显微镜法测量的长轴径、短轴径、定向径，用筛分法测量的筛分径等。这类粒径主要与颗粒的外形尺寸有关，而与其密度、质量等物理特性无关。

　　所谓物理粒径，是指与颗粒的诸如阻力特性、沉降速度等某种物理特性相关的粒径，如阻力径、自由沉降径、空气动力径和斯托克斯（Stokes）径等，分别定义如下：

　　（1）阻力径 d_d。在相同气体中，如果尘粒的运动阻力与某一处于相同运动速度的假想规则球体的运动阻力相同，则该球体的直径即被定义为尘粒的阻力径。

　　（2）自由沉降径 d_f。当尘粒在特定介质（气体或液体）中作自由沉降运动时，如果其自由沉降速度与某一密度相等的假想规则球体相同，则该球体的直径即被定义为尘粒的自由沉降径。

　　（3）空气动力径 d_a。当尘粒的沉降速度与处于相同气体中的，且密度等于 $1g/cm^3$ 的球体沉降速度相同时，则该球体的直径即被定义为尘粒的空气动力径。

　　（4）Stokes 径 d_s。特指在斯托克斯流态下（层流流态，颗粒的雷诺数 $Re < 0.2$）的自由沉降径。其数学表达式为：

$$d_s = \left[18\mu v_c / (\rho_p - \rho_a) g \right]^{\frac{1}{2}} \tag{1-9}$$

式中　μ——空气动力黏性系数，Pa·s；

v_c——沉降速度，m/s；

ρ_p——尘粒密度，kg/m³；

ρ_a——空气密度，kg/m³；

g——重力加速度，m/s²。

颗粒的物理粒径尽管也用几何单位来表示，如微米，但已与颗粒外形的实际几何尺寸没有直接的关系。换言之，物理粒径大的颗粒，其几何尺寸有可能很小。比如，对于两种不同类型的物料，如一根 100μm 的纺织纤维，其 Stokes 径远比 1μm 的金属粒子小。即使同一类物料，如粉煤灰，其密实颗粒也要比相同外形尺寸的空心飘珠大很多。这是因为金属粒子和实心灰粒的密度要比纤维颗粒和空心飘珠大。因此，物理粒径已经不是实际意义上的粒子"直径"，而是一种间接表达的"当量直径"。

对于燃煤电厂的粉煤灰，粒径的表述有两种：一种是筛分径，利用机械筛分机或气流筛分机测定；另一种是 Stokes 径，利用 Bahco 粒度分级仪或液体沉降分级仪测定。筛分径常用于粉煤灰综合利用技术领域。例如，当将粉煤灰用于水泥或混凝土的掺和料时，国家对粉煤灰的品位等级有严格的规定，其中所规定的粒径即指筛分径。这是因为筛分径代表的是几何尺度，而几何尺度直接决定着粉煤灰的活性，进而影响水泥和混凝土的性能。Stokes 径被广泛应用于与颗粒的运动特性相关的技术领域，如研究颗粒在烟道、除尘器、除灰管道以及大气中的输运、沉降、悬浮、扩散和迁移运动的规律及其阻力特性，以及除尘除灰设备、管道的设计等。

二、粉体的粒径分布

粉煤灰具有相当宽广的粒度分布域，其粒径从微米级到毫米级都有。要准确地表达其粒度的分布特征，必须借助于一些分布参数。常用的粉煤灰粒度分布参数有以下几种。

（1）质量频率分布。粉煤灰颗粒的质量频率分布又称为分散度，是指按照不同的粒径段将粉煤灰试样划分为若干个粒组。不同粒组内的灰样质量（g）称为组频数，试样总质量为全频数（g）。某个粒组的灰样质量（组频数）占试样总量（全频数）的百分比称为组频率，每个粒组的组频率即组成了该灰样的质量频率分布（表1-4）。

（2）累计分布率。粉煤灰粒度的累计分布率分为筛上累计分布率和筛下累计分布率两种。所谓筛上累计分布率是指大于某一粒径灰样的质量占灰样总质量的百分比；筛下累计分布率恰好相反，即小于某一粒径灰样的质量占灰样总质量的百分比。由此可见，筛上累计分布率和筛下累计分布率是互补关系，即：

$$D_i + R_i = 100\% \tag{1-10}$$

表1-4 某电厂电除尘器入口烟道飞灰粒度分布

粒组/μm	0~5	5~10	10~20	20~30	30~40	40~50	50~60	>60
组频数/g	11.9	16.6	22.8	13.1	8.2	5.1	3.9	13.4
组频率/%	12.5	17.5	24.0	13.8	8.6	5.4	4.1	14.1
筛上累计分布率/%	>0	>5	>10	>20	>30	>40	>50	>60
	100	87.5	70.7	46.0	32.2	23.6	18.2	14.1
筛下累计分布率/%	<0	<5	<10	<20	<30	<40	<50	<60
	0	12.5	29.3	54.0	67.8	76.2	81.8	85.9
中位径 d_{50}	18.0							

三、粒度分布特征径

当两组或多组灰样的粒度分布数据放到一起时，有时很难对它们的粗细作出直观评价。这时粒度分布特征值，即特征粒径（简称特征径）就显示出其特殊作用。

所谓特征径，就是利用某一特定参数来定量地表示灰样的粗细程度。比较常用的特征径有平均径、众径、中位径、标准差等；这些特征参数是通过对粒度分布数据或粒度分布曲线的统计处理得到的。其优点是仅需一个数值即可对粉料的粗细进行量化评价。但由于每个特征径只是从某一特定的角度对灰样粒度的粗细程度进行统计的，难免存在一定的片面性。尽管如此，从对粉煤灰粗细程度进行评价角度而言，特征径是非常方便、直观、简捷和实用的。

在粉煤灰的粒度分析中，最常用的特征径是中位径 d_{50}。所谓中位径是指当筛上累计分布率或筛下累计分布率等于50%时对应的粒径（表1-4）。由此可知，灰样中大于中位径的灰量和小于中位径的灰量是相等的。

第四节 粉煤灰的磨蚀性

粉煤灰的磨蚀性是指其在流动过程中对器壁或管壁的磨损能力，是选择除灰管件、弯头、阀体和除灰设备的重要依据。粉煤灰的磨蚀性主要取决于其自身硬度指标，同时还与灰的其他一些物理特性以及气流速度、含尘浓度等外部因素有关。

一、磨蚀机理

固体颗粒对设备材料的磨蚀机理，可以分成两类。

（一）刮削

刮削是粒子以一定角度冲击材料之后，以其动能来刮削材料，如图 1-1a 所示。

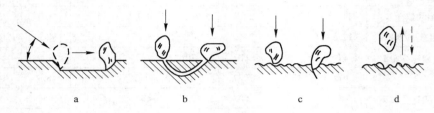

图 1-1   磨损机理

a—刮削；b—开裂；c—疲劳；d—粘剥

（二）压剥

粒子以近乎垂直的角度冲击材料，按材料的性质不同，压剥又可分为：

（1）开裂。硬质脆性材料受冲击后，由于局部产生裂纹而剥损，如图 1-1b 所示。

（2）疲劳。延性材料受冲击后，产生局部压入变形，在多次反复后，也会因疲劳而剥落，如图 1-1c 所示。

（3）粘剥。延性材料受冲击时，局部因升温而黏附于粉体粒子上，于是使材料剥落而受损，如图 1-1d 所示。

上述任一磨损作用原理均可单独存在，但更多的是同时交相出现。因此，实际上的磨损过程是相当复杂的，它与粉料的硬度等各种特性有关。

二、粉料硬度

粉料的硬度是指其被另一物质穿透的阻力。一般用于粉料硬度的标度如下：

（1）莫氏硬度，表示划痕的阻力，用于非金属元素和矿物质；

（2）布氏、维氏或洛氏硬度表示穿透或压痕的阻力，多用于金属。

1822 年由莫氏（F. Mohs）提出了硬度的半定量标度。选择了 10 种标准矿物，先从最软的滑石开始，定为莫氏硬度 1，最后是最硬的金刚石，定为莫氏硬度 10。中间物料，如无烟煤的莫氏硬度为 2.2，高岭土为 2.5，石灰石为 3~4，铁为 4~5，氧化铁为 6，黄铁矿和二氧化钛为 6.5，石英为 7，钢为 5~8.5。由于莫氏硬度的标度太粗糙，用天然矿物来作为测定一般工程物料硬度标准的基准重复性较差，为此又开发出其他替代方法。这些方法就是最常用的球印硬度型（如维氏和布氏硬度）。金属的硬度就是用其中一种方法表示的硬度值，即维氏棱锥数（VPN）、布氏硬度值（BHN）来进行分类的。莫氏硬度和维氏、布氏硬度的对照关系在图 1-2 给出。

固体的硬度在散状固体物料处理工艺设计中的重要性在于：它关系固体的物理强度，在选择固体物料处理设备设计的结构材料选择时必须考虑的因素。研磨或筛分物料时所需的功率也同样取决于固体的硬度。硬度不仅是物料磨蚀性及抗破碎性程度的表征，而且也是物料强度、流动性好坏的度量。

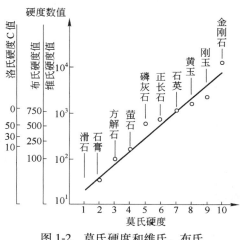

图 1-2　莫氏硬度和维氏、布氏硬度的对照关系

三、影响粉煤灰磨蚀性的因素

除了硬度外，粉煤灰的磨蚀性还与灰粒的形状、粒径大小、密度、强度等因素有关。多棱形粉煤灰比表面光滑的灰的磨蚀性大，粗灰比细灰粉料的磨蚀性大。一般认为小于 5~10μm 的粉煤灰的磨蚀性是不严重的，随着灰粒的增大，磨蚀性增强，但增加到某一最大值后便开始下降。

粉体对器壁的磨损问题有两类：（1）粒子直接冲击器壁所引起的磨损，此时粒子以 90°直冲器壁时最为严重，对硬度高的金属尤为严重。这类磨损是由在粒子的冲击下，金属产生渐次变形而引起的，所以适宜采用韧性好的钢材。（2）粒子与器壁摩擦所引起的磨损，以 30°冲角冲击器壁时最为严重，30°~50°次之，冲角 75°~85°时就没有这类磨损了。这是一种微切割作用，所以用硬度高的材料为宜。一般粗尘以后者为主，而细粒尘则前者占相当比例。此外，尘粒与器壁材料的硬度差别也很重要，尘粒比钢软时，磨损不严重；当尘粒的硬度是钢的 1.1~1.6 倍时，磨损最严重。

粉煤灰等粉料的磨蚀性与气流速度的 2~3 次方成正比。在高气流速度下，粉料对管壁的磨蚀显得更为严重。气流中灰浓度增加，磨蚀性也增加。但当灰的浓度达到某一程度时，由于灰粒之间的碰撞而减轻了与管壁的碰撞摩擦。

为了减轻粉煤灰对管件的磨损，需要合理选取除灰管道中的气流速度和壁厚。但是对于易于磨损的部位，例如管道的弯头、阀体以及旋风除尘器的内壁，最好是采用耐磨材料作为内衬，除了一般的耐磨材料外，还可以根据需要采用铸石、铸铁、耐磨橡胶、聚四氟乙烯等材料。

四、粉煤灰磨蚀性的测定

目前对粉煤灰磨蚀性还没有一个统一的定量表示法。前苏联采用磨损系数 K_a

（m^2/kg）来表示：

$$K_a = A\Delta G \tag{1-11}$$

式中　ΔG——材料的磨损量，kg；

　　　　A——与测定仪器有关的常数，m^2/kg^2。

在确定 ΔG 时，采用 20 号钢的钢片，大小为 10mm×12mm×2mm，将其置于由圆管的旋转而形成的外甩气流中，钢片与气流成 45°角。从灰斗放入约 10g 的被测粉料，粉煤灰加入圆管中的流量不大于 3g/min。在含灰气流的作用下，钢片被磨损，准确称出钢片初始质量 G_0 和磨损后的质量 G_1，可得：

$$\Delta G = G_0 - G_1 \tag{1-12}$$

当圆管转速为 314rad/s，圆管长度为 150mm 时，$A = 1.185\times10^{-5}\,m^2/kg^2$。除尘器壁的磨损时间 t 与磨损深度 h 成正比，与气流中的含灰量 S、气流速度 v_g^3、磨损系数 K_a 及灰粒碰撞到器壁的概率 E 成反比，可按下式计算：

$$t = \left[g/3600 \right] \times \left[h/(Sv_g^3 K_a E) \right] \tag{1-13}$$

式中　t——磨损时间，h；

　　　　g——重力加速度，m/s^2；

　　　　h——磨损深度，m；

　　　　K_a——灰的磨损系数；

　　　　v_g——气流速度，m/s；

　　　　S——含灰浓度，kg/m^3；

　　　　E——概率，用小数表示，当 $E=1$ 时，磨损最大，通常取 $E=0.5\sim0.7$。

粉煤灰磨蚀系数的通常范围为：

$$K_a = (1 \sim 2) \times 10^{-11} m^2/kg \tag{1-14}$$

第五节　粉煤灰的黏附性

粉体颗粒的比表面活性随其粒度减小而增大，并随其比表面积增加而增加。表面活性会引起相同固体颗粒黏结在一起的趋势叫作黏着性，黏结其他不同颗粒的趋势叫作附着性。

黏着性和附着性是决定粉状固体颗粒流动性的因素，其大小对固体物料在贮槽底部能否形成架桥、空洞和结块有直接影响。黏着性和附着性的产生是由于粒子之间的相互聚结、固体粒子层间的固结以及粒子对贮仓、贮槽等壁面的附着等不同因素。其程度视物料本身的种类、周围的环境和被附着的形式而定，且与温度、湿度以及表面的几何形状等均有关系。

一、粉料的黏附机理

粉料的黏附力从微观上可分为三种类型（不包括化学粘合力）：分子力（范

德华力）、毛细黏附力和静电力（库仑力）。

（一）分子力

分子力即分子间的吸引力。这种力与两分子间的距离有关，在几个分子直径的距离之内，这种力的作用很显著；随着分子间距离的增大而迅速下降，当距离大于 10nm 时，可以忽略不计。

由于分子力的作用，粉粒从环境中吸收液体分子。其吸收量取决于压力、温度及相对湿度。在粉料表面形成的液体分子层能够使黏性力增加，缩小粉粒间的距离，增加接触面积。当两黏附体之间的距离增加时，分子力急剧降低。

（二）静电力

由于各种原因，粉料颗粒会荷上一定的电荷。当两个带有异性电荷的尘粒相互接近时，便产生一种静电力，这种力客观上起着一种"黏附"作用，因而被视为一种黏附力。如果相邻带电粒子间的空气介质湿度较大，则静电力作用就会显著减弱或完全消失。

一般情况下，静电力比分子力要小很多。除非是在高压电场作用下。

（三）毛细黏附力

当气体介质的湿度达到一定程度时，粒子表面开始凝结一层液膜，液体分子与固体分子相互作用，使液膜附着在粒子或器壁上。当两粒子表面之间或粒子与器壁表面之间的液膜相互接触时，液体的表面张力就会形成"液桥"，将两黏附体"拉"在一起，如图 1-3 所示。这种依靠液膜的表面张力产生的黏附力，称为毛细管黏附力，简称毛细力。与分子力和库仑力

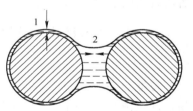

图 1-3　粉料的毛细黏附机理
1—"固-液"分子力；
2—"液-液"分子力

相比，毛细黏附力的作用和影响更大。在直径相同的两球之间作用的毛细黏附力 F_w(N) 为可近似用下式计算：

$$F_w = 2\pi F_s d \qquad (1-15)$$

式中　F_w——表面张力，N/m；

　　　d——粉料粒径，m。

二、粉料黏附性的分类

粉料的黏附性可根据颗粒之间的黏附强度 E_p 划分为以下四类：

Ⅰ类：无黏附性粉料，$E_p<60$Pa；

Ⅱ类：微黏附性粉料，$60<E_p<100$Pa；

Ⅲ类：中黏附性粉料，$300<E_p<600$Pa；

Ⅳ类：强黏附性粉料，$E_p>600Pa$。

上述分类是有条件的。影响粉料黏附性的因素很多。对于相同母料的颗粒，其粒径越小，比表面积越大，颗粒形状越不规则，表面越粗糙，含水率越高，浸润性越好，则黏附性越强。燃煤电厂产生的粉煤灰属于前三类粉料：锅炉尾部省煤器和空气预热器灰斗的粗灰基本上属于第Ⅰ类粉料；电除尘器各电场的干灰，则因其粒度的大小、含碳量的高低不同而异，其中，完全燃尽的细灰应属于第Ⅲ类粉料，含碳量高的粗灰当属于第Ⅱ类粉料。

粉煤灰的黏附现象普遍存在于除尘除灰工程中，并时常产生诸多不良后果。如加剧气力除灰管道和灰斗的堵塞，使输灰、排灰不畅；黏附风机叶片，引起风机振动；有些黏性强的飞灰还会牢牢地黏附在电除尘器的极板、极线上，影响极板清灰和电晕极放电，造成二次电流下降。黏附现象还会使布袋除尘器效率下降，提高运行能耗，等等。但是，粉煤灰的黏附性也有其有利的一面，如灰粒之间相互黏附，产生凝并，使细小颗粒变粗，便于收集。此外，具有适当黏附性的飞灰，在电除尘器高压电场的作用下有助于在阳极板上黏结成灰层，避免在振打清灰时灰层散落，从而减少飞灰的二次飞扬。

三、影响粉料黏附性的因素

（一）粒度
粒度与黏附力的关系如图 1-4 所示。但根据经验，粉料越细则黏附也越容易。这是由粒子小时，单位质量的黏附力以及机械的相互牵连影响增大所致的。

（二）空隙率与水分
用断裂法测得的数据如图 1-5 所示，可见，空隙率减小及水分增加，都会增加黏附力。

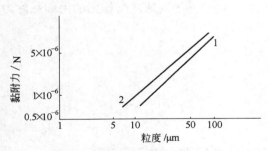

图 1-4　粒度与黏附力的关系
1—石英颗粒和普通玻璃片；
2—石英颗粒和硼硅酸盐玻璃

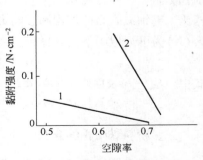

图 1-5　空隙率及水分对黏附强度的影响
（粉煤灰、硅酸盐水泥）
1—水质量分数为 0.3%；
2—水质量分数为 1.1%

（三）气流速度与壁面粗糙度

在气力输送中，气流速度产生足够大的分离力以及加工良好的壁面都会减轻附着情况。一般是气流速度越高，对壁面的压力也越大，引起附着力增大。与此同时，分离力，即在壁面的剪切应力，几乎是随气流速度的二次方关系增大。如图 1-6a 所示，两线交点称为临界速度。当气流速度小于该临界值时，附着持续存在。当气流速度超过临界点时，分离力大于附着力，就不再产生附着。

对一些低熔点油脂性的物料，当冲击或摩擦增强时，由于熔融或溢油而产生的黏附力也急剧增大，如图 1-6b 所示。只有在某一气流速度范围内，分离力才大于黏附力，不产生黏附。当气流速度进一步增大时，由于产生显著的黏附力，黏附现象将更为严重。

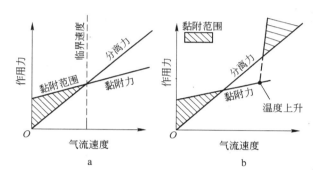

图 1-6 气流速度与黏附的关系
a——一般物料；b—低熔点油脂性物料

（四）流场作用力

流场作用力对颗粒间的凝聚具有分散作用。

（五）障碍的冲突力

由多颗粒凝聚的团粒在流向障碍体时，由于惯性力作用，将以一定的冲突效率冲撞障碍体来达到使该团粒得以解离的目的。

第六节 粉体的流态化特性

当适量的流体均匀通过颗粒层（床）时，使粉体疏松，颗粒之间的流动摩擦阻力降低，从而使之具有类似于流体流动的性质，这一现象称为粉体的流态化，简称流化。如果通过颗粒层的流体为气体，在工程上常称之为"气化"。由于粉体的流态化特性可使粉体在较小的落差和风量下大大降低流动阻力，提高粉体的输送量，因而在粉煤灰气力输送等技术领域被广泛应用。

一、粉体的流化机理

如图 1-7 所示，在一只底部安有多孔板的筒仓内注入一定厚度的粉料层（床层），气流以速度 v 从筒仓底部进风口进入。为便于分析起见，假定粉料中颗粒的真密度、粒径及形状均相等。

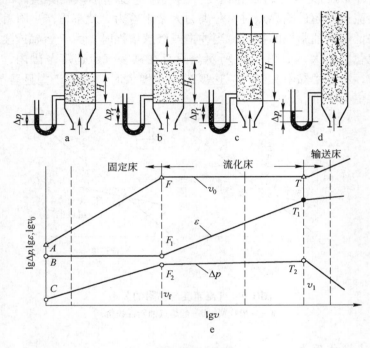

图 1-7　粉体的流态化过程

当入口风速 v 较低时，流经颗粒空隙的风速较小，颗粒间得以保持接触，并处于静止状态。此时床层高度 H 不变，这种床称为固定床（图 1-7a）。

在固定床中，即使风速 v 略有提高，空隙率和空隙流通截面积仍保持不变，因而空隙流速 v_0 随入口速度 v 成正比增大。

当气流速度增大到一定值时，颗粒稍有串动，但仍保持接触，只是床层变松，略有膨胀，床层高度增至 H_f，如图 1-7b 所示。这时床层处于临界（即初始）流化状态，称为临界流化床。这时的入口风速称为临界流化速度 v_f。临界流化床中每个颗粒基本上都被气流所悬浮，此时料层的压损 Δp_f 应等于筒仓单位截面积上料层的浮重（料层所受重力和浮力之差），即：

$$\Delta p_f = H_f(1 - \varepsilon_f)(\rho_s - \rho_a)g \tag{1-16}$$

式中　ε_f——料层的临界空隙率，$(1-\varepsilon_f)$ 为料层的密实度；

ρ_s——粉料的真密度，g/cm^3；

ρ_a——空气的真密度，g/cm^3。

当气流速度大于 v_f 后，颗粒群在床层中松散开，床层增高，每个颗粒均浮动于气流之中，但料层尚有明显的上界面，如图 1-7c 所示。此时料层进入流化状态，这种床层称为流化床。

在流化床中，床层高度随气流速度 v 的升高而升高，故空隙率随 v 成正比例增大；由于流化床中的压损总是等于单位界面上层料的浮重，所以流化床的各阶段中，其压损 Δp_f 均保持不变。而且，由于所有颗粒均被气流悬浮，空隙速度 v_0 等于颗粒的悬浮速度 v_c，因而空隙速度在流化床各个阶段中也保持不变。

当气流速度超过此极限后空隙率增大幅度减缓。空隙速度 v_0 增加较快，超过悬浮速度 v_c，料床中颗粒群被气流带走。此时的料床称为输送床（图 1-7d），实现粉体的气力输送。这时，流经颗粒空隙的阻力基本上不存在，只存在壁面对两相流的阻力，所以压损逐渐下降。

二、流化床的似液体性

粉体的流态化越好，其流动性越近似于液体。图 1-8 列举了五种类似液体的现象：图 1-8a 所示的现象称为浮力现象，表明料床粉体如同液体一样，可以浮起比料层密度小的物体，如同物块浮在水面上一样，并服从阿基米德浮力定律；图 1-8b 所示的现象称为水平面现象，当将容器倾斜时，床层上界面如同液体具有流动性一样，仍保持水平；图 1-8c 所示的现象称为水压现象，如果在料仓侧壁上开一小孔，流化粉体会像液体一样，在压力差 $\Delta p (\Delta p = p - p_a)$ 作用下，从小孔喷流出来，而且喷射压力与小孔的浸没深度成正比；图 1-8d 所示的现象称为连通器现象，在两个料层高度不同的相邻而设的流化床之间开通一个小孔，则高料位料床内的粉体在高度差 ΔH 下形成的压力差作用下，经小孔流向低料位料床，最后两床层界面趋向齐平；图 1-8e 所示的现象称为静压差现象，流化床中

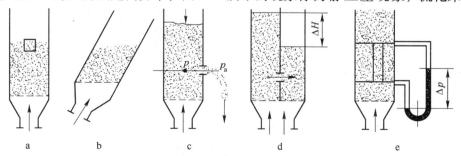

图 1-8 粉体的似液体性

a—浮力现象；b—水平面现象；c—水压现象；d—连通器现象；e—静压差现象

"水深"不同的任意两点的压差 Δp，可用 U 形差压计测定，且 Δp 基本上等于两点间单位界面床层中颗粒的浮重。静压差现象的原理与水压现象一致。

三、实际粉体的流态化

实际粉体（如粉煤灰）的颗粒成分、物化特性要比上述"理想流化过程"中的假设粉体要复杂得多。尽管实际流化过程与理想流化过程的流化机理和规律是类似的，但两者的"压力降与气体流速的关系"有所不同。

在实际流化过程中，空气主要是以气泡的形式在床内上升，并伴有聚合和分裂现象，使颗粒团湍动。气泡达到床面时随即破裂，同时喷带出颗粒。由于床面以上气速比床面处气速低，这些颗粒又回落。如此重复致使床面频繁波动翻滚，如同液体达到沸点时出现的沸腾现象。因此，气固流化床又称沸腾床。正是由于上述复杂现象，实际流化过程的压力降曲线存在一定幅度的脉动。

在实际粉体流态化过程中，尤其在料层厚度较大的灰仓中，往往会经常出现一些不正常现象。图 1-9 中列举了四种非正常流化现象，即沟流现象（图 1-9a），局部沟流现象（图 1-9b），大气泡现象（图 1-9c）和腾涌、气节现象（图 1-9d）。图 1-9c 中的 6 为均匀气-固混合相，称为乳化相。因气体流化床处于乳化相与气泡相的聚合状态，故称为聚式流化床或不均匀流化床。液体流化床中，颗粒均匀分布在床层中，即使流速很大，也看不到鼓泡或不均匀现象，因此称为散式流化床或均匀流化床。

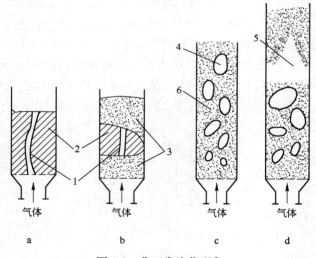

图 1-9　非正常流化现象

1—沟流；2—未流化；3—流化部分；4—大气泡；

5—腾涌或气节；6—乳化相

四、粉体的离析

在粉体流动之际，因粒径、颗粒密度、颗粒形状以及表面性质的差别会引起粉体层组成上不均质化的现象，称为离（偏）析。这也是气力输送工程中可能会发生的问题。常见的原因如下：

（1）料堆上的离析。当粗细混合物料以层状落在料堆的表面上时，较细的颗粒移向料堆里面，而较粗的颗粒则留在料堆的外表。

（2）贮仓中离析。加料期间料堆的位移而使粗细颗粒物料发生离析，从而引起较细的颗粒移向中心，而较粗的颗粒则靠向仓壁。

（3）溜槽造成的离析。当固体物料沿溜槽下滑时，颗粒离开溜槽的速度取决于颗粒对溜槽的表面摩擦力或摩擦角。当物料的摩擦角不同时其下落速度也不同，离开溜槽时的轨迹也不同。一般，相同的颗粒物料细的比粗的有较大的摩擦角，因此较细的物料颗粒落在离溜槽较近的地方，而较粗的颗粒则落在远离溜槽的地方。

（4）带式输送机造成的离析。在一运行着的带式输送机上，较细的颗粒会移向底部，较粗颗粒则保留在上面。一些细颗粒则会黏着在输送带上，由于这种黏结，使其在离开输送机时与粗颗粒相比减少了其水平移动速度，致使有不同的轨迹。由于在带式输送机上的离析，在卸料时将产生与溜槽卸料时同样的结果。

粉体颗粒离析将引起不同尺寸的颗粒聚集或化学组成中不希望出现的变化，结果导致产品质量不一致。为了避免这种情况的发生，当处理易离析的物料时应作如下考虑：

1）采用高的圆形截面能均匀流动设计的贮仓，不采用不对称的多个出料口卸料的贮仓；

2）采用混合设备将严重离析的物料在加工前先混合，混合尽可能以其离析波动小为原则；

3）当用气力输送流态化的物料卸入贮仓时，可采用切线方向入口或加设挡板；

4）采用自由下落的溜槽卸料时，在下方设置混合设备；

5）采用带式输送机时，不要把物料分割进入不同的贮仓。

五、粉体的起拱

起拱，又称架桥，俗称蓬灰，是粉体物料堵塞排料口以致不能进行排料现象的总称。在燃煤电厂，电除尘器灰斗内干灰起拱是经常发生的现象，致使电动锁气器空转，泄灰不畅，给除尘和输灰设备的运行维护带来很大麻烦。处理不及时，灰斗内灰位升高到一定位置，常引起电除尘器底部阳极板与阴极线短路，造成运行事故。气力输灰系统的灰库结拱，更是不可忽视的问题，一旦结拱，处理起来非常棘手。

粉体料仓（包括灰斗和灰库）起拱堵塞的原因众多且复杂，大致可归纳为如下四种类型（图1-10）：

（1）压缩拱，粉体受到压缩而减小了孔隙率，由粉体本身的固结强度增加而导致起拱；

（2）锲性拱，是由不规则形状物料因颗粒相互啮合使局部力平衡所致的；

（3）黏附拱，是由黏附性强的粉料吸湿后，或受静电作用而增强了粉料颗粒之间及粉料与仓壁之间的黏附力所致的；

（4）气压平衡拱，是料仓回转泄料器因气密性差，导致空气泄入料仓，当上下气压达到平衡时所形成的拱。

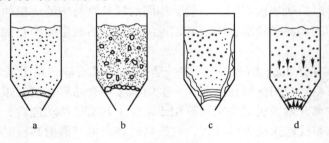

图1-10　料仓结拱类型
a—压缩拱；b—锲性拱；c—黏附拱；d—气压平衡拱

结拱强度与下列因素有关：

（1）堆积密度，较高的密度会有较大的拱强度；

（2）压缩性，较高的压缩性会具有较大的拱强度；

（3）黏附性，黏的或软的物料会形成比较结实的拱；

（4）可湿性，对于可湿性较高的粉料，就可能有较高的拱强度；

（5）喷流性，流体状的物料会形成脆弱的拱，并易于塌落变成含气物料；

（6）拱顶物料质量，贮仓内拱顶物料的质量和拱的强度成正比；

（7）贮存时间，物料在贮仓中贮存的时间越长，则拱的强度越大；

（8）贮仓卸料口，小的卸料口或贮仓、料斗斜度设计错误都能造成较大强度的拱。

防止结拱的措施有四种：（1）合理设计料仓的形状和尺寸；（2）对料仓进行保温隔热；（3）减小粉料对料仓壁的流动摩擦阻力；（4）降低料仓内粉料的压力。

第二章　粉煤灰气力输送基础

第一节　灰气混合物的基本参数

气固混合体的物理性质是研究气固两相流动理论的基础。其中气固"混合比"和"密度"是决定两相流运动状态、压力损失以及输送能力的重要参数。

一、灰气混合比

灰气混合比是指气固两相流中固体物料输送量与空气输送量的比值，又称为两相流浓度。灰气混合比包括质量灰气比和容积灰气比。

（1）质量灰气比 μ_m。质量灰气比是指通过输料管断面的物料质量流量 q_{ms} 与气体质量流量 q_{ma} 之比（kg/kg），即：

$$\mu_m = \frac{q_{ms}}{q_{ma}} = \frac{q_{ms}}{\rho_a q_{va}} \tag{2-1}$$

式中　q_{ms}——物料质量流量，kg/h；

q_{ma}——气体质量流量，kg/h；

q_{va}——气体体积流量，m^3/h；

ρ_a——气体密度，kg/m^3。

（2）容积灰气比 μ_v。容积灰气比是指物料的体积流量 q_{vs} 与气体体积流量 q_{va} 之比（m^3/m^3），即：

$$\mu_v = \frac{q_{vs}}{q_{va}} = \frac{q_{ms}/\rho_s}{q_{ma}/\rho_a} = \mu_m \frac{\rho_a}{\rho_s} \tag{2-2}$$

式中　ρ_s——输送物料的真密度，kg/m^3。

由式（2-2）可知，由于气体密度 ρ_a 远小于物料密度 ρ_s，因此容积灰气比小于质量灰气比。

与容积灰气比相比，质量灰气比 μ_m 在气力输灰技术中的应用更多。在气力输送气固两相流的工程设计中，通常都采用质量灰气比作为设计参数，并简以 μ 表示（本章节之后出现的灰气比 μ 均特指质量灰气比）。

选择恰当的质量灰气比是非常重要的。输灰系统的质量灰气比越大，输送能力越高。同时，在一定的系统出力下，灰气比越大，所需消耗的空气量则越小，消耗功率也就越小。此外，输送空气量小了，所需的管道及各类设备也可相应减小，从而有利于降低工程投资。但是，对于悬浮输送系统而言，并非灰气比越大越好。灰气比过大，将使输送系统的压力损失增大，容易发生管道堵塞，而且对供气设备的压力性能以及系统的密封性能的要求相应提高。通常输灰系统的灰气比受风机性能、物料性质、输送方式以及输送条件等许多因素的限制。在设计时应恰当选择灰气比，最可靠的方法是在实验基础上选择。在缺乏实验条件下，可参考类似的工程实例及经验确定。

二、实际浓度

不论是质量灰气比还是容积灰气比，都是根据气体和物料的流量确定的，而气体和物料的流量取决于输灰管内气体的流速 v_a 和物料的流速 v_s。由于 $v_s < v_a$（只有当颗粒的粒径或真密度极小时，才近似认为 $v_s = v_a$），在相同时间内气体和物料充满管道的长度 L_a 和 L_s 是不同的，因此尽管灰气混合比在一定程度上也能够反映气固两相流的"浓度"特征，但与输送管内的实际含灰浓度是不同的。

实际浓度 C 是指输料管中单位长度内的物料质量 M_{sl} 与气体质量 M_{al} 之比（%），即：

$$C = \frac{q_{ms}/v_s}{q_{ma}/v_a} = \mu_m \frac{v_a}{v_s} \tag{2-3}$$

式中　v_s——物料平均速度，m/s；

　　　v_a——气体平均速度，m/s。

在粉煤灰气力输送管道中大部分颗粒的运动速度小于气流速度，$v_a/v_s > 1$。由式（2-3）可知浓度 C 大于质量灰气比 μ_m。但在细粉料以稀相输送状态进入等速段时，v_s 接近于 v_a，可以认为 $v_a/v_s \approx 1$ 时，此时方可用质量灰气比 μ_m 来近似代替实际浓度 C。

三、灰气混合体密度

气固混合体的"密度"与"浓度"是两个不同的概念。浓度是气固混合体中固体粉料与混合体之间的质量比或容积比，密度是指气固混合体的自身质量与自身容积之比。浓度表述的是部分（固体粉料）与整体（混合体）之间的关系，而且是相同物理量之间（质量之间或容积之间）的关系，密度是将混合体视为一个整体，表述的是两种不同物理量之间（质量与体积之间）的关系。

灰气混合体的密度包括流量密度、实际密度和悬浮密度三种。

（一）流量密度 ρ_m

流量密度是指两相流的质量流量 q_m（$q_m = q_{ms} + q_{ma}$）与其体积流量 q_v（$q_v = q_{vs} +$

q_{va}）之比（kg/m³），即：

$$\rho_m = \frac{q_{ms} + q_{ma}}{q_{vs} + q_{va}} = \frac{\rho_s q_{vs} + \rho_a q_{va}}{q_{vs} + q_{va}} \tag{2-4}$$

当忽略气体质量流量 q_{ma} 和物料体积流量 q_{vs} 时，则上式变为：

$$\rho_m = \frac{\rho_s q_{vs}}{q_{va}} = \mu_m \rho_a \tag{2-5}$$

这表明，两相流的流量密度近似等于气体密度的混合比之倍数。

（二）实际密度 ρ'_m

实际密度是指输料管中灰气运动状态下混合体的密度，即单位长度输料管内混合体质量（$q_{ms}/v_s + q_{ma}/v_a$）与其体积（$q_{vs}/v_s + q_{va}/v_a$）之比（kg/m³）：

$$\rho'_m = \frac{q_{ms}/v_s + q_{ma}/v_a}{q_{vs}/v_s + q_{va}/v_a} = \frac{q_{ms}/v_s + q_{ma}/v_a}{A_s + A_a} \tag{2-6}$$

式中　A_s——单位长度输灰管内物料的体积，m³；

　　　A_a——单位长度输灰管内气体的体积，m³。

在低混合比的气体输送中，物料所占体积 $A_s(=q_{vs}/v_s)$ 较小，可以忽略不计，此时由式（2-6）得到实际密度 ρ'_m 与实际浓度 C 的数学关系式：

$$\rho'_m = \frac{q_{ms}}{q_{vs}} \times \frac{v_a}{v_s} + \frac{q_{ms}}{q_{va}} = \rho_a\left(\mu_m \frac{v_a}{v_s} + 1\right) = \rho_a(C + 1) \tag{2-7}$$

若再进一步忽略气体的质量（q_{ma}/v_a），则得实际密度 ρ'_m 与实际浓度 C 的简化关系式：

$$\rho'_m \approx \frac{q_{ms}/v_s}{q_{va}/v_a} = \rho_a \mu_m \frac{v_a}{v_s} = \rho_a C = \frac{q_{ms}}{A v_s} \tag{2-8}$$

式中　A——输灰管通流面积，m²。

比较式（2-5）及式（2-8）两式可知，因气力输送中 $v_a > v_s$，所以实际密度 ρ'_m 大于流量密度 ρ_m。由式（2-8）可知，实际密度等于实际浓度 C 与气体密度的乘积。

（三）悬浮密度 ρ_n

悬浮密度 ρ_n 指输料管中悬浮状态下颗粒群的密度，即单位容积中悬浮着的固体粉料的质量（kg/m³）

$$\rho_n = \frac{q_{ms}}{v_s} \frac{1}{V} = \frac{q_{ms}}{A v_s} \tag{2-9}$$

式中　q_{ms}/v_s——单位长度（1m）输灰管内的粉料质量，kg；

　　　V——单位长度输灰管的容积，m³；

　　　A——输灰管通流面积，m²。

如果将式（2-3）代入式（2-8）将发现，实际密度 ρ'_m 与悬浮密度 ρ_n 近似相等，即：

$$\rho'_m \approx \frac{q_{ms}}{Av_s} = \rho_n \qquad (2\text{-}10)$$

这是因为式（2-8）是在忽略了气体质量及物料体积的条件下得出的，从而使实际密度 ρ'_m 在物理意义上趋同于悬浮密度 ρ_n。

悬浮密度 ρ_n 在研究两相流运动规律中，具有特殊意义。

第二节　粉尘颗粒的沉降速度与悬浮速度

一、基本概念

（一）粉尘颗粒的自由沉降运动

尘粒的自由沉降运动是指尘粒在静止介质中仅以重力为动力作自由下落的一种运动现象。

尘粒在自由沉降过程中受到三个力的作用：自身重力 G、浮力 P 和流动阻力 R，如图 2-1 所示。

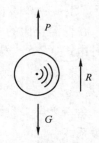

在自由沉降的初始阶段，尘粒以加速度下落。随着下落速度的增大，阻力 R 也随之增大。当下降速度达到一定数值时，尘粒所受到的全部外力（G、P、R）达到平衡，即：

$$G+P+R=0 \qquad (2\text{-}11)$$

或

图 2-1　尘粒自由沉降
受力分析

$$G=P+R \qquad (2\text{-}12)$$

式（2-11）是矢量表达式，表明尘粒的自身重力已全部用来克服流动阻力和浮力，尘粒所受合外力为零。尘粒从这一时刻起开始恒速下降。这一恒速度是尘粒自由下落过程中所达到的最大速度，被称为尘粒的自由沉降速度，记作 v_c。

（二）尘粒的自由悬浮运动

首先假设气流以某一速度 v_s 铅直向上迎着下落的粒子流动。当 $v_s < v_c$ 时，尘粒克服气流的阻力继续下落；当 $v_s > v_c$ 时，尘粒改变方向作垂直上升运动；而当 $v_s = v_c$ 时，尘粒则停留在某一空间位置上，既不下降，也不上升，作原地摆动运动。我们把后一种运动现象称为尘粒的自由悬浮运动，把气流的这一临界速度称作自由悬浮速度，记作 v_f。

对于同一介质中的同一尘粒来说，自由悬浮速度与自由沉降速度在数值上相等，即 $v_c = v_f$，但两者概念不同。沉降速度是指尘粒在静止介质中自由下落时所能达到的最大下落速度，而悬浮速度是指上升气流能够保持尘粒不发生沉降所需要的最小速度，两者量值相等，方向相反，而且分别代表两个不同作用主体（尘粒和气流）（图 2-2）。

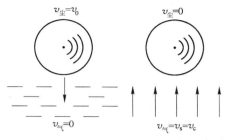

图 2-2　尘粒自由沉降和悬浮运动示意图

二、自由沉降速度的计算与应用

自由悬浮速度公式的推导方法和表达形式与自由沉降速度相同，应用条件也相同。下面以尘粒自由沉降运动为例，介绍自由沉降（悬浮）速度公式的建立和应用条件。

（一）气固两相流的三个流态区域

粉尘颗粒的运动将引起其周围流体的扰动，这种扰动将消耗尘粒的一部分动能，表现为流动介质对尘粒的阻力。无论尘粒是在静止介质中运动，还是介质相对于尘粒的流动，只要两者之间存在相对运动，就不可避免地存在运动阻力。

由流体力学理论可知，尘粒所受到的运动阻力 R 与尘粒的运动速度 v、颗粒粒径 d_s、流体密度和黏性系数有关。如果将尘粒近似地视为球体，则其运动阻力的数学表达式为：

$$R = C_0 F \rho_m \frac{v^2}{2} \tag{2-13}$$

式中　C_0——阻力系数，与颗粒形状、流体运动状态有关，无量纲；

　　　ρ_m——气体密度，kg/m^3；

　　　F——颗粒阻流面积，m^2，对于球形颗粒 $F = \frac{\pi}{4} \cdot d_s^2$。

阻力系数 C_0 主要是雷诺数 Re 的函数，而且该函数关系取决于雷诺数 Re 的大小：

当 $Re < 1$ 时，$C_0 = 24/Re$，灰气流动阻力处于 Stokes 流态。由于 Stokes 流态的颗粒流动阻力主要来自于流体的黏性摩擦，因此这一流态区又被称为黏性摩擦阻力区。

当 $Re > 500$ 时，$C_0 = 0.44$。灰气流动阻力处于 Newton 流态。由于 Newton 流态下的流动阻力主要来自于颗粒尾流处的涡流压差阻力，因此这一区域又称为涡流压差阻力区。

当 $1 \leqslant Re \leqslant 500$ 时，$C_0 = 10/Re^{1/2}$；灰气流动阻力处于 Stokes 流态与 Newton 流态的过渡区，称为 Allen 区，即介流区。在介流区内颗粒运动阻力来自流体的黏性摩擦阻力和涡流压差阻力的双重作用。

雷诺数：

$$Re = vd_s\rho_m/\mu \tag{2-14}$$

式中　μ——输送气体的动力黏性系数，$N/(m^2 \cdot s)$；

　　　v——颗粒与气流之间的相对速度，m/s。

（二）尘粒自由沉降速度公式的建立

按照尘粒是一个规则的球体的假定条件，其特征尺度 d_s 为球粒的直径，则该尘粒所受外力可分别表示为：

$$G = \frac{\pi}{6}d_s^3\rho_p g \tag{2-15}$$

$$P = \frac{\pi}{6}d_s^3\rho_m g \tag{2-16}$$

$$R = C_0 F\frac{v_c^2}{2}\rho_m = \frac{\pi}{8}C_0 d_s^2\rho_m v_c^2 \tag{2-17}$$

将上面三式代入式（2-12），经整理得到自由沉降速度 v_c 的一般表达式：

$$v_c = 3.62\sqrt{\frac{d_s(\rho_p - \rho_m)}{C_0\rho_m}} \tag{2-18}$$

分别将三个不同流态下的阻力系数及式（2-14）代入式（2-18），得到三个不同流态下的自由沉降公式。

Stokes 流态下（$C_0 = 24/Re$）：

$$v_c = \frac{d_s^2(\rho_p - \rho_m)g}{18\mu} \tag{2-19}$$

Allen 区（$C_0 = 0.44$）：

$$v_c = \frac{4}{225}\left[\frac{(\rho_p - \rho_m)^2 g^2}{\rho_m\mu}\right]^{\frac{1}{3}}d_s \tag{2-20}$$

Newton 区（$C_0 = 10/Re^{1/2}$）：

$$v_c = \sqrt{3g\frac{d_s(\rho_p - \rho_m)}{\rho_m}} \tag{2-21}$$

（三）尘粒自由沉降速度的应用

考虑到空气密度远小于粉煤灰的真密度，在实际工程计算中，常将式（2-19）简化如下：

$$v_c = \frac{d_s^2\rho_p g}{18\mu} \tag{2-22}$$

例如：某燃煤电厂电除尘器灰斗排放的粉煤灰的斯托克斯粒径 $d_s = 60\mu m$，

真密度 $\rho_p = 2100kg/m^3$，输送空气密度 $\rho_m = 1.2kg/m^3$，气体的动力黏度 $\mu = 18.2 \cdot 10^{-6}Pa \cdot s$。将数据代入式（2-22）得到其沉降速度为：

$$v_c = \frac{(60 \times 10^{-6})^2 \times 2100 \times 9.8}{18 \times 18.2 \times 10^{-6}} = 0.226m/s$$

为了校验上述沉降公式选用是否正确，将有关数据代入式（2-14）得：

$$Re = v_c d_s \rho_m / \mu = \frac{0.226 \times 60 \times 10^{-6} \times 1.2}{18.2 \times 10^{-6}} = 0.89$$

因为 $Re = 0.89 < 1$，表明处于 Stokes 流态，从而证明公式选用正确。

由于从燃煤电厂电除尘器灰斗排出的干灰的粒度较细，在气力输送系统的设计计算中通常将灰气混合体的流动视为 Stokes 流态下的小雷诺数流动，因此按照式（2-19）计算其沉降速度。

根据经典"阻力系数-雷诺数（C_0-Re）"关系曲线，在 Stokes 区与介流区两条曲线之间存在一个非光滑连接的过渡区。根据两曲线分界点处粒径相等的原则，计算出了两条曲线的交汇点，该交汇点位于 $Re = 5.8$ 处。因此当 $1 \leqslant Re \leqslant 5.8$ 时，仍应按 Stokes 流态考虑。据此计算出上述例题条件（粉尘真密度 $\rho_p = 2100kg/m^3$，输送空气密度 $\rho_m = 1.2kg/m^3$，气体的动力黏度 $\mu = 18.2 \times 10^{-6}Pa \cdot s$）下，满足 Stokes 流态（$Re \leqslant 5.8$）的最大粒径 $d_s = 111\mu m$。

实际粉煤灰中存在部分粒径 $d_s > 111\mu m$ 的颗粒，这部分颗粒阻力已经进入介流区范围，本应选用相应的沉降公式计算，对于这种跨阻力区域情况，在实际输灰工程设计计算中均按 Stokes 流态处理。因为对于同一输送物料是不可能，也不必要同时应用几类计算公式。

上述自由沉降速度公式的应用条件和计算方法同样适用于自由悬浮速度。

三、输灰管中实际沉降（悬浮）速度的影响因素

（一）颗粒形状对悬浮速度的影响

上述自由沉降（悬浮）速度公式是在理想条件下建立的，如：尘粒为规则球体，尘粒运动过程中不与器壁或其他颗粒发生碰撞，尘粒只在重力、浮力、介质阻力三力作用下运动等，而实际情况要复杂得多。

气力输送管道中被输送的物料，大多是不规则形状的颗粒。物料颗粒形状对沉降速度有较大影响：在同类、等重物料中，以球形颗粒的沉降速度为最大，其他不规则形状颗粒的沉降速度则相应较小。这是因为不规则形状颗粒的阻力系数比球形颗粒阻力系数大。即使对同一个不规则形状颗粒，由于它相对于气流的方位不同，其阻力系数也不相同。因此，要想将上面已经得到的有关球形颗粒的沉降速度公式付之应用，必须把不规则形状颗粒换算成当量球体。以当量球的直径

作为不规则形状物料的粒径来进行修正计算。

在第一章中已经介绍，尘粒的当量直径包括几何当量径和物理当量径两大类。其中隶属于物理当量径的 Stokes 径最适用于粉体物料，尤其是粉煤灰气力输送的应用。因为粉煤灰的 Stokes 径正是基于自由沉降原理测定的，如 Bahco 粒度分级仪和液体沉降法等。不论实际尘粒的几何形状如何，只要与某一假想规则球体具有相同的沉降速度，则认定该尘粒的粒径等量于规则球体的几何直径。

（二）灰气混合比的影响

上述关于沉降速度的研究着眼于单个颗粒。在粉煤灰气力输送管道和设备中，是大量颗粒在有限空间内的运动。由于颗粒下落时的流体置换作用，产生附加上升气流。这使颗粒沉降不仅受到流体阻力，还要受到其他颗粒的干扰阻力。即颗粒群沉降时，受到直接作用和间接作用两种阻力：直接作用的阻力是指颗粒与颗粒之间的、颗粒与管壁之间的摩擦与碰撞而引起的阻力；间接作用的阻力，是指由颗粒下落时的流体置换作用而产生的附加上升气流引起的阻力。

这两个方面的阻力，与灰气混合比有关。灰气比高，则沉降（悬浮）速度减小。灰气比相同时，颗粒越细，颗粒数目越多，则颗粒体表面积就越大，阻力增大。而另外，颗粒间摩擦、碰撞机会就越多，使阻力增大，沉降速度更为减小。高灰气比的颗粒群的沉降称为干涉沉降。实践表明，颗粒群的干涉沉降速度 v_n 要比单个颗粒的自由沉降速度 v_c 小。灰气混合比越高，这种影响越大。

当容积灰气比 $\mu_v (=q_{vs}/q_{va})$ 在 5% ~ 25% 范围内时，干涉沉降速度 v_n 可按下式计算：

$$v_n = v_c (1 - \mu_v)^\beta \tag{2-23}$$

莫迪（Moude）指出，实验指数 β 与 Re 的关系如表 2-1 所示。

表 2-1　实验指数 β 与颗粒绕流雷诺数 Re 关系

v_s 公式	斯托克斯区			介　流　区			牛顿区	
$Re = v_c d_s \rho_m / \mu$	10^{-2}	10^{-1}	1	10	10^2	10^3	10^4	10^5
β	4.6	4.5	4.2	3.6	3.1	2.5	2.3	2.3

上述因素的影响均使沉降速度减小，而在选取输送气流速度时，均需大于沉降速度。因此，在工程设计时可先按理论沉降速度计算，然后再选取恰当的系数来确定输送气流速度。

第三节　输灰管中粉体的运动特征

管道中的物料在空气动力作用下的运动由于受到许多因素的影响，是一个很复杂的现象，它涉及气固两相流的理论。

理论上讲，在垂直管道中，当气流的速度大于颗粒的悬浮速度时，单颗粒物料就能被气流带走，形成气力输送。而在实际装置中，由于物料是颗粒群体而且颗粒之间、颗粒与管道之间存在着摩擦和碰撞，管道边壁附近区域的低速区以及弯头等局部构件处气流速度的不均匀，常造成输料管中实际所需的气流速度远大于颗粒的悬浮速度。

在气力输送过程中，物料颗粒的运动状态主要受输送气流速度影响和控制。在输送量一定时，输送气流速度越大，颗粒在管道内气流中的分布越接近均匀分布而且处于完全悬浮输送状态。气流速度逐渐减小时，在垂直管道中会出现物料颗粒速度下降、物料分布出现密疏不均现象，而对于水平输料管则会出现靠近管底物料分布密度高的现象；当气流速度低于某一值时，对于垂直输料管道会出现局部管段掉料、悬浮但又能够被提升的现象，对于水平输料管则会出现一部分颗粒在管底停滞，处于一边滑动，一边被气流推着运动的运动状态。当气流速度进一步减小时，垂直输料管则会出现管道中输送的物料瞬间发生重力沉降，即发生所谓的掉料或堵塞管道等现象；对于水平输料管管底停滞的物料层做不稳定的移动，最后停顿，产生管道堵塞现象。

一、水平气力输送管中颗粒的运动状态

通过实验观察到的某类粉体在水平输送管中所呈现的运动状况如图 2-3 所示，粉体颗粒的运动状态随气流速度与灰气混合比的不同有显著变化。运动状况可划为如下 6 种类型：

（1）均匀（悬浮）流。当输送气流速度较高，混合比较低时，颗粒在气流中基本上以接近于均匀分布的状态在气流中悬浮输送。

（2）管底流。当输送风速减小时，颗粒向水平管底聚集，越接近管底，分布越密，但尚未出现停滞。颗粒一面作不规则的旋转、碰撞，一面被输送。

（3）疏密流。当风速再降低或混合比进一步增大时，则会出现如图 2-3c 所示的疏密流。这是粉体悬浮输送的极限状态。此时气流压力出现了脉动现象，密集部分的下部速度小，上部速度大，密集部分整体呈现边旋转边前进的状态，也有一部分颗粒在管底滑动，但尚未停滞。

以上三种状态，都属于悬浮输送状态。

（4）集团流。疏密流的风速再降低，则密集部分进一步增大，其速度也降低，大部分颗粒失去悬浮能力而开始在管底滑动，形成颗粒群堆积的集团流。由于在管道中堆积颗粒占据了有效流通面积，所以，这部分颗粒间隙处风速增大，因而在下一瞬间又把堆积的颗粒吹走。如此堆积、吹走交替进行，呈现不稳定的输送状态，压力也相应地产生脉动。集团流只在风速较小的水平管和倾斜管中产

生。在垂直管中，颗粒所需要的浮力，已由气流的压力损失补偿了，所以不存在集团流。由此可知，在水平管段产生的集团流，运动到垂直管中时便被分解成疏密流。

（5）部分流。常见的是栓状流上部被吹走后的过渡现象所形成的流动状态。在粉体的实际输送过程中，一方面经常出现栓状流与部分流的相互交替、循环往复的现象；另一方面就是风速过小或管径过大时，常出现部分流，气流在上部流动，来带动堆积层表面上的颗粒，堆积层本身是作砂丘移动似的流动。

（6）栓状流或栓塞流。堆积的物料充满了一段管路。水泥及粉煤灰一类不容易悬浮的粉料，容易形成栓状流。栓状流的输送是靠料栓前后压差的推动前进的。与悬浮输送相比，在力的作用方

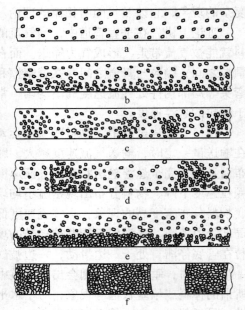

图 2-3　输送管中粉料的运动状态
a—均匀（悬浮）流；b—管底流；c—疏密流；
d—集团流；e—部分流；f—栓状流或栓塞流

式和管壁的摩擦上，都存在原则性区别，即悬浮流为气动力输送，栓状流为压差输送。

二、输送管内气流速度场和粉尘浓度场的分布

（一）气流速度场的分布

水平输灰管道中的气流速度分布情况与纯空气流管道明显不同。纯气流管中，最大速度出现在管道中心线上。气固两相流管道内，最大气流速度的位置移到管道中心线以上（图 2-4）。粉尘浓度越高，这种情况越明显。这是因为粉尘颗粒在输送时，受到重力的影响，越接近管底，颗粒越稠密。因此，输送时的气流速度分布是随着粒子的运动状态而变化的，也即随气流平均速度、灰气混合比以及输送管管径的变化而变化的。

（二）粉尘浓度场的分布

1. 水平管中粒子的分布

如前所述，气流速度越小，灰气混合比越大时，靠近管底的粒子分布越密集。将管断面按水平高度分成若干单元，对输送管内粒子的分布情况进行观察，

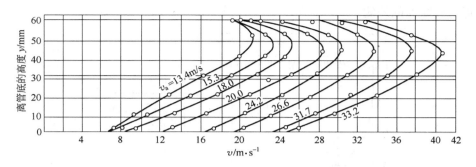

图 2-4　管断面上气流速度的分布

获得输送管内粒子的分布图（图 2-5）。图中横坐标表示水平管道垂直高度上某一部分单元内粒子数 n_i 与粒子总数 $\sum n_i$ 之比 $n_i / \sum n_i$；纵坐标表示离管底的距离 y 与管径 D 之比 y/D。

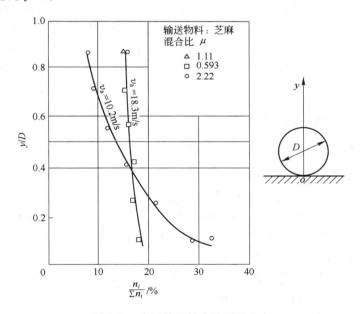

图 2-5　水平输送管内粒子的分布

2. 弯管中粒子的分布

将水平弯管的断面分成若干个垂直单元，对管内粒子的分布情况进行观察和实验，得到如图 2-6 所示的垂直断面上粒子的分布情况。横坐标表示弯管断面上某一部分单元内粒子数 n_i 与粒子总数 $\sum n_i$ 之比 $n_i / \sum n_i$，纵坐标表示离管道内壁外侧（$y=0$）的距离 y 与管径 D 之比 y/D（$0 \leqslant y \leqslant D$）。图 2-6 表明，大部分粒子都靠近弯管断面的外侧。

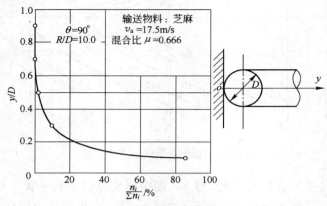

图 2-6　弯管断面上粒子的分布

粒子之所以偏向外侧,是由粒子的惯性力所致的。首先,沿直线碰撞到弯管外侧内壁的粒子,由于气流的作用,反射轨迹角比几何反射角小,使它再次与外壁碰撞而通过弯管。实践证明,当弯管的弯曲角一定时,粒子在弯管内壁面碰撞的位置,只取决于弯管的曲率半径 R 与弯管内径 D 之比,而与气流速度及灰气混合比无关。

三、输送管中颗粒悬浮的机理

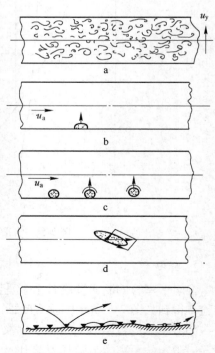

水平管道中气流水平速度为 u_a,其对颗粒的推力为水平方向,颗粒的重力为竖直向下。从理论上讲,这两个方向的作用力是不能使颗粒悬浮的。但实际上颗粒在某种悬浮力的作用下作悬浮输送。这种悬浮力主要取决于以下一些因素(图 2-7):

(1)紊流时气流垂直向上的分速度 u_y,对颗粒产生的气动悬浮力,如图 2-7a 所示。

(2)根据输送管气流速度的分布,在管底的颗粒上部流速高,故静压小;下部流速低,故静压大。对颗粒产生的静压差悬浮力如图 2-7b 所示。

(3)颗粒旋转产生的升力如图 2-7c 所示,这是因为颗粒在各种因素的作用下沿

图 2-7　水平管颗粒悬浮因素

顺时针方向向前作旋转运动，从而引起周围气体产生环流。此环流与水平气流的叠加流场，使颗粒上部流速增大（颗粒上部环流速度方向与输送气流方向相同），压力降低，下部流速减缓（颗粒下部环流速度方向与输送气流方向相反），压力增高，对颗粒产生一个升力，此即马格努斯效应。

（4）某些颗粒处于有迎角的方位，气流对颗粒的气动力在垂直方向产生向上分力，如图 2-7d 所示。

（5）由于颗粒相互间或颗粒与管壁间碰撞而获得的反弹力在垂直方向产生向上分力，如图 2-7e 所示。

这些力作用的结果，使颗粒在气流中一面呈悬浮状态作不规则运动，一面反复与管壁碰撞或摩擦滑动。上述这些悬浮力，对于不同粒径、形状和气流速度条件，其作用极不相同。例如对于细粉料，第 1、4、5 项因素起主要作用，而第 2、3 项因素由于粒度太小，几乎不起作用；对于较大颗粒的粉料，则第 2、3 项因素起主要作用，而第 1、4、5 项因素由于悬浮力比颗粒重力小得多，几乎不起作用。

四、垂直输料管颗粒的运动

在垂直输料管中，空气动力对物料悬浮以及输送起着直接作用。气流对颗粒的气动力与颗粒重力在同一直线上，但方向相反，所以，只要物料颗粒的空气动力大于浮重，物料便可实现气力输送。但紊流的脉动速度和涡流的影响以及颗粒间的摩擦碰撞及气动力不均匀等因素，使颗粒受到水平方向的力，而引起水平方向的运动，同时，颗粒本身的不规则，颗粒之间、颗粒与管道内壁之间的碰撞、摩擦等引起的作用力和反作用力以及颗粒旋转产生的马格努斯效应等，使颗粒受到除垂直方向力之外的水平分力的作用，结果导致颗粒群作不规则的相互交错的曲线上升的螺旋线形运动，使颗粒群在垂直输料中，形成接近均匀分布的定常流。

第四节　悬浮颗粒群在管道中的运动方程

均匀悬浮流虽然比集团流简单，但分析起来，也很困难。因此，人们就把两相流视为一种以流体流动为主的运动加上颗粒体的移动，即把固体颗粒也当做一种特殊流体以研究其运动。这种特殊流体服从于纯流体运动的一些规律，这是当前研究气力输送管道中均匀悬浮两相流的一种较普遍的方法。

一、倾斜管内颗粒群的运动微分方程

如图 2-8 所示，对 ΔL 段悬浮粒群的受力和运动规律进行分析。

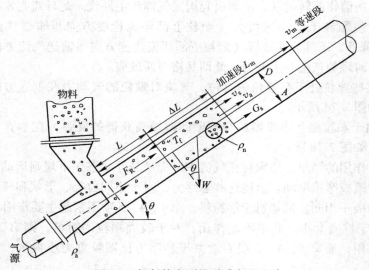

图 2-8　倾斜管内颗粒群受力及运动

F_R—ΔL 段颗粒群所受的气动推力；v_m—颗粒群最终速度；T_f—管壁对颗粒群的阻力；

L_m—加速段长；W—ΔL 段颗粒群的重量；G_s—输送料质量流量；ρ_n—悬浮状态颗粒群的密度；

ρ_a—气体密度；v_a—管中气流速度；D—管径；v_s—L 处颗粒群速度；A—管的断面积

图 2-8 中的 ρ_n 计算如下：

$$\rho_n = G_s / A V_s \tag{2-24}$$

（一）微段中颗粒群轴向受力分析

气动推力：

$$F_R = C_s a_s \rho_a \frac{(v_a - v_s)^2}{2} \tag{2-25}$$

管壁阻力：

$$T_f = \Delta p_1 A = \lambda_s \frac{\Delta L}{D} \rho_n \frac{v_s^2}{2} A \tag{2-26}$$

式中　λ_s——阻力系数。

将式（2-24）代入式（2-26），则：

$$T_f = G_s \Delta L \frac{\lambda_s v_s}{2D} \tag{2-27}$$

ΔL 段粒群重量 $W = (G_s / v_s) \Delta L$，其轴向分力为：

$$Wg\sin\theta = \frac{G_s}{v_s} g \Delta L \sin\theta \tag{2-28}$$

输送状态下的 C_s 用悬浮沉降状态下的 C_n 来代替：

$$C_s = \frac{a}{Re^k} = \frac{a}{\left[\dfrac{(v_a - v_s)d_s\rho_a}{\mu}\right]^k} \tag{2-29}$$

式中 d_s ——粒径。

$$C_n = \frac{a'}{Re^{k'}} = \frac{a'}{\left(\dfrac{v_n d_s \rho_a}{\mu}\right)^{k'}} \tag{2-30}$$

式中 v_n ——颗粒群的悬浮速度。

当两种状态在同一阻力区时，则 $a' = a$，$k' = k$，可得：

$$C_s = C_n \left(\frac{v_n}{v_a - v_s}\right)^k \tag{2-31}$$

此外，当微段颗粒群处于悬浮时，气动力与颗粒群重力相等，即：

$$C_n a_s \rho_a \frac{v_n^2}{2} = \frac{G_s}{v_s}\Delta L g$$

所以：

$$C_n = \frac{G_s}{v_s}\Delta L \Big/ \left(a_s \rho_a \frac{v_n^2}{2g}\right) \tag{2-32}$$

于是：

$$F_R = \frac{G_s}{v_s}g\Delta L \left(\frac{v_a - v_s}{v_n}\right)^{2-k} \tag{2-33}$$

（二）颗粒群的运动微分方程

根据牛顿第二定律，有 $(G_s\Delta L/v_s)(dv_s/dt) = F_R - T_f - Wg\sin\theta$，将前述式（2-33）、式（2-27）、式（2-28）代入则得：

$$\frac{1}{g} \times \frac{dv_s}{dt} = \left(\frac{v_a - v_s}{v_n}\right)^{2-k} - \frac{\lambda_s v_s^2}{2gD} - \sin\theta \tag{2-34}$$

由此式可建立颗粒群运动速度 v_s 与运动的时间 t 之间的关系式。

以等速气流 v_a 对均匀颗粒群加速的加速段中，对颗粒群而言的流场是定常场，所以只有位变加速度，即 $dv_s/dt = v_s(dv_s/\Delta L)$，因此上式可写成：

$$\frac{1}{g}v_s\frac{dv_s}{\Delta L} = \left(\frac{v_a - v_s}{v_n}\right)^{2-k} - \frac{\lambda_s v_s^2}{2gD} - \sin\theta \tag{2-35}$$

由此式可建立颗粒群运动速度 v_s 与运动距离 L 之间的关系式，所以此式是研究加速度段距离 L 与气流速度 v_a 以及颗粒群速度 v_s 等参数关系的基本微分方程。

（1）对于水平管，$\sin\theta = 0$，则为：

$$\frac{1}{g} v_s \frac{dv_s}{dL} = \left(\frac{v_a - v_s}{v_n}\right)^{2-k} - \frac{\lambda_s v_s^2}{2gD} \tag{2-36}$$

（2）对于铅垂管：$\sin\theta = 1$，则为：

$$\frac{1}{g} v_s \frac{dv_s}{dL} = \left(\frac{v_a - v_s}{v_n}\right)^{2-k} - \frac{\lambda_s v_s^2}{2gD} - 1 \tag{2-37}$$

二、水平管内颗粒群的运动方程

由于粒径及滑动速度（$v_a - v_s$）的不同，在管中气体对颗粒的绕流 Re 数或阻力性质可分三种不同的区域，分述如下。

（一）小雷诺数

$Re \leqslant 1$，斯托克斯黏性阻力区 $k=1$，将 $k=1$ 代入式（2-36）中得：

$$\frac{1}{g} v_s \frac{dv_s}{dL} = \frac{v_a - v_s}{v_n} - \frac{\lambda_s v_s^2}{2gD} \tag{2-38}$$

可改写成：

$$dL = \frac{v_n}{g}\left[\frac{v_s dv_s}{v_a - v_s - X v_s^2}\right]$$

注意到初始条件：$v_s = 0$，$L = 0$，上式积分结果为：

$$L = \frac{v_n}{2gX}\left[\frac{1}{Y}\ln\frac{2v_a + v_s(Y-1)}{2v_a - v_s(Y+1)} - \ln\frac{v_a - v_s - X v_s^2}{v_a}\right] \tag{2-39}$$

式中，$X = \lambda_s v_s^2 / 2gD$，$Y = \sqrt{1 + 4v_a X}$。

此式即为 $k=1$ 的水平管的加速度段长度 L 与气流速度 v_a 及颗粒群加速到 v_s 的三项技术参数间所服从的基本关系式。

（二）过渡区

$1 \leqslant Re \leqslant 500$，Allen 黏性阻力区 $k=0.5$，将 $k=0.5$ 代入式（2-36）中，得：

$$\frac{1}{g} v_s \frac{dv_s}{dL} = \left(\frac{v_a - v_s}{v_n}\right)^{1.5} - \frac{\lambda_s v_s^2}{2gD} \tag{2-40}$$

可写成：

$$dL = \frac{v_n^{1.5}}{g} \frac{v_s dv_s}{(v_a - v_s)^{1.5} - \frac{\lambda_s v_n^{1.5}}{2gD} v_s^2}$$

作简化处理，将 $(v_a - v_s)^{1.5}$ 展开且取前三项得：

$$(v_a - v_s)^{1.5} = v_a^{0.5}(v_a^2 - 1.5 v_a v_s + 0.375 v_s^2)$$

则：

$$dL = \frac{v_n^{1.5} v_a^{0.5}}{g} \cdot \frac{v_s dv_s}{v_a^2 - 1.5 v_a v_s + \left(0.375 - \frac{\lambda_s v_n^{1.5} v_a^{0.5}}{2gD}\right) v_s^2}$$

注意到初始条件: $v_s = 0$, $L = 0$ 结果为:

$$L = \frac{M}{2N} \left[\ln\left(1 - 1.5 \frac{v_s}{v_a} + N \frac{v_s^2}{v_a^2}\right) - \frac{1.5}{p} \ln \frac{(1.5 + p) \frac{v_s}{v_a} - 2}{(1.5 - p) \frac{v_s}{v_a} - 2} \right] \tag{2-41}$$

式中, $M = v_n^{1.5} v_a^{0.5}/g$; $N = (0.375 - \lambda_s v_n^{1.5} v_a^{0.5}/2gD)$; $p = \sqrt{1.5^2 - 4N}$ 。此式即为 $k = 0.5$ 的水平管加速段长度 L、v_a 及 v_s 之间的基本关系式。

（三）大雷诺数

$500 \leqslant Re \leqslant 2 \times 10^5$, 牛顿惯性阻力区 $k = 0$, 将 $k = 0$ 代入式（2-36）中, 得:

$$\frac{1}{g} v_s \frac{dv_s}{dL} = \left(\frac{v_a - v_s}{v_n}\right)^2 - \frac{\lambda_s v_s^2}{2gD} \tag{2-42}$$

可写成:

$$dL = \frac{v_n^2}{g} \times \frac{v_s dv_s}{[v_a - (1 - B) v_s][v_a - (1 + B) v_s]}$$

注意到初始条件: $v_s = 0$, $L = 0$, 结果可得:

$$L = \frac{v_n^2}{2gB} \left[\frac{\ln\left(1 - (1-B) \frac{v_s}{v_a}\right)}{1 - B} - \frac{\ln\left(1 - (1+B) \frac{v_s}{v_a}\right)}{1 + B} \right] \tag{2-43}$$

$$B = \sqrt{\frac{\lambda_s v_n^2}{2gD}}$$

此式即为 $k = 0$ 的水平管加速段长度 L、v_a、v_s 三者之间的基本关系式。上式的应用条件: 1) $B \neq 1$; 2) $v_s/v_a \neq 1/(1 + B)$。应用时可取 $v_s/v_a \neq 0.9/(1 + B)$ 作近似计算, 或更精确地取 $v_s/v_a \neq 0.99/(1 + B)$。

三、垂直管内颗粒群的运动方程

（一）小雷诺数

$Re \leqslant 1$, $k = 1$, 以 $k = 1$ 代入式（2-37）中, 则得:

$$\frac{1}{g} v_s \frac{dv_s}{dL} = \frac{v_a - v_s}{v_n} - \frac{\lambda_s v_s^2}{2gD} - 1 \tag{2-44}$$

可写成:

$$\mathrm{d}L = \frac{v_\mathrm{n}}{g} \frac{v_\mathrm{s}\mathrm{d}v_\mathrm{s}}{g(v_\mathrm{a} - v_\mathrm{n}) - v_\mathrm{s} - Cv_\mathrm{s}^2}$$

注意到初始条件：$L = 0$，$v_\mathrm{s} = 0$，积分结果为：

$$L = \frac{v_\mathrm{n}}{2gD}\left[\frac{1}{v} \times \frac{2(v_\mathrm{a} - v_\mathrm{n}) - v_\mathrm{s}(V + 1)}{2(v_\mathrm{a} - v_\mathrm{n}) + v_\mathrm{s}(V - 1)} - \ln\frac{v_\mathrm{a} - v_\mathrm{n} - v_\mathrm{s} - Cv_\mathrm{s}^2}{v_\mathrm{a} - v_\mathrm{n}}\right] \quad (2\text{-}45)$$

式中，$C = \lambda_\mathrm{s} v_\mathrm{s}^2 / 2gD$；$V = \sqrt{1 + 4(v_\mathrm{a} - v_\mathrm{n})C}$。

（二）过渡区

$1 \leqslant Re \leqslant 500$，$k = 0.5$，将 $k = 0.5$ 代入式（2-37）中，则得：

$$\frac{1}{g} v_\mathrm{s} \frac{\mathrm{d}v_\mathrm{s}}{\mathrm{d}L} = \frac{(v_\mathrm{a} - v_\mathrm{s})^{1.5}}{v_\mathrm{n}} - \frac{\lambda_\mathrm{s} v_\mathrm{s}^2}{2gD} - 1 \quad (2\text{-}46)$$

可写成：

$$\mathrm{d}L = \frac{v_\mathrm{n}^{1.5}}{g} \times \frac{v_\mathrm{s}\mathrm{d}v_\mathrm{s}}{(v_\mathrm{a} - v_\mathrm{s})^{1.5} - \dfrac{\lambda_\mathrm{s} v_\mathrm{n}^{1.5}}{2gD}v_\mathrm{s}^2 - v_\mathrm{n}^{1.5}}$$

展开 $(v_\mathrm{a} - v_\mathrm{s})^{1.5} = \dfrac{1}{v_\mathrm{a}^{0.5}}(v_\mathrm{a}^2 - 1.5v_\mathrm{a}v_\mathrm{s} + 0.375v_\mathrm{a}^2)$，代入上式，整理可得：

$$\mathrm{d}L = H\frac{\dfrac{v_\mathrm{s}}{v_\mathrm{a}}\mathrm{d}\left(\dfrac{v_\mathrm{s}}{v_\mathrm{a}}\right)}{T - 1.5\dfrac{v_\mathrm{s}}{v_\mathrm{a}} + U\left(\dfrac{v_\mathrm{s}}{v_\mathrm{a}}\right)^2} \quad (2\text{-}47)$$

积分结果为：

$$L = \frac{H}{2U}\left[\ln\frac{T - 1.5\dfrac{v_\mathrm{s}}{v_\mathrm{a}} + \mu\left(\dfrac{v_\mathrm{s}}{v_\mathrm{a}}\right)^2}{T} + \frac{1.5}{W}\ln\frac{(1.5 - W)\dfrac{v_\mathrm{s}}{v_\mathrm{a}} - 2T}{(1.5 + W)\dfrac{v_\mathrm{s}}{v_\mathrm{a}} - 2T}\right] \quad (2\text{-}48)$$

式中，$H = v_\mathrm{n}^{1.5}v_\mathrm{a}^{0.5}/g$；$U = 0.375 - \lambda_\mathrm{s} v_\mathrm{n}^{1.5}v_\mathrm{a}^{0.5}/2gD$；$T = 1 - (v_\mathrm{n}/v_\mathrm{a})^{1.5}$；$W = \sqrt{1.5^2 - 4TU}$。

（三）大雷诺数

$500 \leqslant Re \leqslant 2 \times 10^5$，$k = 0$ 以 $k = 0$ 代入式（2-37）中，则得：

$$\frac{1}{g} v_\mathrm{s} \frac{\mathrm{d}v_\mathrm{s}}{\mathrm{d}L} = \left(\frac{v_\mathrm{a} - v_\mathrm{s}}{v_\mathrm{n}}\right)^2 - \frac{\lambda_\mathrm{s} v_\mathrm{s}^2}{2gD} - 1 \quad (2\text{-}49\mathrm{a})$$

可写成：

$$dL = \frac{v_n^2}{g} \frac{\dfrac{v_s}{v_a} d\left(\dfrac{v_s}{v_a}\right)}{\left(1 - \dfrac{v_n^2}{v_a^2}\right) - 2\dfrac{v_s}{v_a} + B\left(\dfrac{v_s}{v_a}\right)^2} \tag{2-49b}$$

积分结果为：

$$L = \frac{v_n^2}{2gB}\left[\ln\frac{A - 2\dfrac{v_s}{v_a} + B\left(\dfrac{v_s}{v_a}\right)^2}{A} + \frac{1}{Z}\ln\frac{A - \dfrac{v_s}{v_a}(1 - Z)}{A - \dfrac{v_s}{v_a}(1 + Z)}\right] \tag{2-50}$$

式中，$A = 1 - (v_n^2/v_a^2)$；$B = 1 - (\lambda_s v_n^2/2gD)$；$Z = \sqrt{1 - AB}$ 。

四、颗粒群运动的最终速度及速度比

由前述颗粒群的运动微分方程可知，颗粒群运动速度 v_s 随时间或距离的增大而增大，同时所受阻力也随之增大。当 v_s 增大到最大速度或称最终速度 v_m，气流对颗粒群作用的气动推力与颗粒群所受阻力相平衡时，加速度为零，此段为加速度段，其长度为加速度段长度，而后面颗粒群便以 v_m 作等速运动，成为等速段。令颗粒群的运动微分方程中加速度为零，即可求得各种情况下的最终速度及速度比 v_m/v_a 。

（一）$k = 1$ 斯托克斯阻力区

令式（2-34）中的 $dv_s/dt = 0$，且 v_s 以 v_m 代替，则得：

$$\frac{v_a - v_m}{v_n} - \frac{\lambda_s v_m^2}{2gD} - \sin\theta = 0$$

整理成：

$$\frac{\lambda_s v_n}{2gD}v_m^2 + v_m - (v_a - v_n\sin\theta) = 0$$

可解得：

$$v_m = \frac{-1 + \sqrt{1 + 2\dfrac{\lambda_s v_n}{gD}(v_a - v_n\sin\theta)}}{\dfrac{\lambda_s v_n}{gD}} \tag{2-51}$$

v_m 应该是正值，故上式根号前取正号。

在气力输送的理论和实际应用中，经常用到最终固气速度比（v_m/v_a）之值，故将上式两边同除以 v_a，则得：

$$\psi_m = \frac{v_m}{v_a} = \frac{\sqrt{1 + 2\dfrac{\lambda_s v_n v_a}{gD}\left(1 - \dfrac{v_n}{v_a}\sin\theta\right)} - 1}{\dfrac{\lambda_s v_n v_a}{gD}} \tag{2-52}$$

1. 水平管中最终速度比

水平管时，$\sin\theta = 0$，则由式（2-52）可得：

$$\psi_m = \frac{v_m}{v_a} = \frac{\sqrt{1 + 2\dfrac{\lambda_s v_n v_a}{gD}} - 1}{\dfrac{\lambda_s v_n v_a}{gD}} \tag{2-53}$$

2. 垂直管中最终速度比

铅垂管时，$\sin\theta = 1$，则由式（2-52）可得：

$$\psi_m = \frac{v_m}{v_a} = \frac{\sqrt{1 + 2\dfrac{\lambda_s v_n v_a}{gD}\left(1 - \dfrac{v_n}{v_a}\right)} - 1}{\dfrac{\lambda_s v_n v_a}{gD}} \tag{2-54}$$

（二）$k = 0.5$ Allen 粘性阻力区

1. 倾斜管中最终速度比

取式（2-34）中 $k = 0.5$，并令 $\mathrm{d}v_s/\mathrm{d}t = 0$，且 v_s 以 v_m 代替，则得：

$$\left(\frac{v_a - v_m}{v_n}\right)^{1.5} - \frac{\lambda_s v_m^2}{2gD} - \sin\theta = 0$$

作简化展开处理，只取前三项：

$$(v_a - v_m)^{1.5} = v_a^{0.5}(v_a^2 - 1.5 v_a v_m + 0.375 v_m^2)$$

代入原式后，经整理仍为 v_m 的一元二次方程，结果解出：

$$\psi_m = \frac{v_m}{v_a} = \frac{\sqrt{1.5^2 + 4\left(\dfrac{\lambda_s v_n^{1.5} v_a^{0.5}}{2gD} - 0.375\right)\left[1 - \left(\dfrac{v_n}{v_a}\right)^{1.5}\sin\theta\right]} - 1.5}{2\left(\dfrac{\lambda_s v_n^{1.5} v_a^{0.5}}{2gD} - 0.375\right)} \tag{2-55}$$

2. 水平管中的最终速度比

$\sin\theta = 0$，则由式（2-55）可得：

$$\psi_{\mathrm{m}} = \frac{v_{\mathrm{m}}}{v_{\mathrm{a}}} = \frac{-1.5 + \sqrt{1.5^2 + 4\left(\dfrac{\lambda_s v_{\mathrm{n}}^{1.5} v_{\mathrm{a}}^{0.5}}{2gD} - 0.375\right)}}{2\left(\dfrac{\lambda_s v_{\mathrm{n}}^{1.5} v_{\mathrm{a}}^{0.5}}{2gD} - 0.375\right)} \tag{2-56}$$

3. 垂直管中的最终速度比

$\sin\theta = 1$，则由前式可得：

$$\psi_{\mathrm{m}} = \frac{v_{\mathrm{m}}}{v_{\mathrm{a}}} = \frac{-1.5 + \sqrt{1.5^2 + 4\left(\dfrac{\lambda_s v_{\mathrm{n}}^{1.5} v_{\mathrm{a}}^{0.5}}{2gD} - 0.375\right)\left(1 - \left(\dfrac{v_{\mathrm{n}}}{v_{\mathrm{a}}}\right)^{1.5}\right)}}{2\left(\dfrac{\lambda_s v_{\mathrm{n}}^{1.5} v_{\mathrm{a}}^{0.5}}{2gD} - 0.375\right)} \tag{2-57}$$

4. 近似处理的简化最终速度比

应注意到：对于 $k = 0.5$，且又属于中等颗粒的低速输送时，其阻力系数 λ_s 值较小，则式（2-56）中根号项可展开，只取前两项并代入原式，可得：

（1）倾斜管简化最终速度比：

$$\psi_{\mathrm{m}} = \frac{v_{\mathrm{m}}}{v_{\mathrm{a}}} = \frac{1}{1.5}\left[1 - \left(\frac{v_{\mathrm{n}}}{v_{\mathrm{a}}}\right)^{1.5}\sin\theta\right] \tag{2-58}$$

（2）水平管简化最终速度比：

$$\psi_{\mathrm{m}} = \frac{v_{\mathrm{m}}}{v_{\mathrm{a}}} = \frac{1}{1.5} = 0.666\ （为一定值） \tag{2-59}$$

（3）垂直管简化最终速度比：

$$\psi_{\mathrm{m}} = \frac{v_{\mathrm{m}}}{v_{\mathrm{a}}} = \frac{1}{1.5}\left[1 - \left(\frac{v_{\mathrm{n}}}{v_{\mathrm{a}}}\right)^{1.5}\right] \tag{2-60}$$

上述简化公式，为粗略估计 Allen 阻力区最终速度比。

（三）$k = 0$ 牛顿阻力区

1. 倾斜管中最终速度比

令式（2-34）中 $k = 0$，$\mathrm{d}v_s/\mathrm{d}t = 0$，且 v_s 以 v_{m} 代替，则得：

$$\left(\frac{v_{\mathrm{a}} - v_{\mathrm{m}}}{v_{\mathrm{n}}}\right)^2 - \frac{\lambda_s v_{\mathrm{m}}^2}{2gD} - \sin\theta = 0$$

整理成：

$$\left(1 - \frac{\lambda_s v_{\mathrm{m}}^2}{2gD}\right)\left(\frac{v_{\mathrm{m}}}{v_{\mathrm{a}}}\right)^2 - 2\left(\frac{v_{\mathrm{m}}}{v_{\mathrm{a}}}\right) + \left(1 - \frac{v_{\mathrm{n}}^2}{v_{\mathrm{a}}^2}\sin\theta\right) = 0$$

可解出：

$$\frac{v_{\mathrm{m}}}{v_{\mathrm{a}}} = \frac{1 - \sqrt{1 - \left(1 - \frac{\lambda_{\mathrm{s}} v_{\mathrm{n}}^2}{2gD}\right)\left(1 - \frac{v_{\mathrm{n}}^2}{v_{\mathrm{a}}^2}\sin\theta\right)}}{1 - \frac{\lambda_{\mathrm{s}} v_{\mathrm{n}}^2}{2gD}} \tag{2-61}$$

因 $v_{\mathrm{m}}/v_{\mathrm{a}}$ 不能大于 1，故上式根号前取负号。

2. 水平管中最终速度比

将 $\sin\theta = 0$ 代入上式，则得：

$$\psi_{\mathrm{m}} = \frac{v_{\mathrm{m}}}{v_{\mathrm{a}}} = \frac{1 - \sqrt{\frac{\lambda_{\mathrm{s}} v_{\mathrm{n}}^2}{2gD}}}{1 - \frac{\lambda_{\mathrm{s}} v_{\mathrm{n}}^2}{2gD}} = \frac{1}{1 + \sqrt{\frac{\lambda_{\mathrm{s}} v_{\mathrm{n}}^2}{2gD}}} \tag{2-62}$$

3. 垂直管道中最终速度比

将 $\sin\theta = 1$ 代入上式，则得：

$$\psi_{\mathrm{m}} = \frac{v_{\mathrm{m}}}{v_{\mathrm{a}}} = \frac{1 - \sqrt{\frac{\lambda_{\mathrm{s}} v_{\mathrm{n}}^2}{2gD}\left(1 - \frac{v_{\mathrm{n}}^2}{v_{\mathrm{a}}^2}\right) + \left(\frac{v_{\mathrm{n}}}{v_{\mathrm{a}}}\right)^2}}{1 - \frac{\lambda_{\mathrm{s}} v_{\mathrm{n}}^2}{2gD}} \tag{2-63}$$

可解出气流速度为：

$$v_{\mathrm{a}} = v_{\mathrm{m}} + v_{\mathrm{n}}\sqrt{1 + \frac{\lambda_{\mathrm{s}} v_{\mathrm{n}}^2}{2gD}} \tag{2-64}$$

若将最终速度比式（2-63）值代入式（2-50）中，则 $L = L_{\mathrm{m}}$ 为达到最终速度 v_{m} 的加速段长度。式（2-64）是在已知 v_{m}（包括 v_{n}、λ_{s}、D）条件下，求风速 v_{a} 的公式。

第五节　气固两相管流的压力损失

物料颗粒在管道中呈悬浮状态输送时，总存在着颗粒间或颗粒与管壁之间的碰撞或摩擦，这样会使颗粒损失一部分从气流那里得到的能量，即气流具有的能量的一部分要消耗在颗粒与管壁的碰撞或摩擦上，而这部分能量损失是以气流压力损失的形式表现出来的。一般，气流速度越大，压力损失越显著；而气流速度减小时，颗粒又会产生停滞现象，加剧颗粒与管壁的摩擦，压力损失反而增大。

气力输送输料管内为空气和固体物料的混合物，在流体力学中称为气-固两相流。气-固两相流的压损特性与纯空气（单相流）流动的压损特性显著不同，气力输送两相流的压损特性曲线见图 2-9。

由图 2-9 可知，两相流的压损特性曲线可分为三个阶段：

（1）物料与气流的启动加速段，图 2-9 中的 $a \sim b$ 段。在这一阶段，由于刚喂入输料管的物料颗粒初速度较低或者基本接近于零，而正常的管道物料输送速度需要达到 $16 \sim 20\text{m/s}$ 以上，因而物料喂入管道之后，物料与空气都有一个启动、加速的过程。而物料的启动、加速过程需要较高的能量，同时由于在该段空气与物料颗粒之间的相互作用引起的能量损失也较大，因而，在该段两相流的压损与随气流速度的增加而急剧增加。

（2）物料的间断悬浮段，图 2-9 中的 $b \sim c$ 段。这一阶段表明，物料粒子由加速运动向悬浮运动过度。颗粒本身的速度增大，从而使颗粒与颗粒之间、颗粒与管道内壁之间的碰撞、摩擦等引起的能量损失减少，这一能量损失的减小值超过了因使颗粒增速所引起的空气流动能量损失增大的程度，使得该段两相流的总压损随流速的增加而减小。

（3）物料的完全悬浮段，图 2-9 中的 $c \sim d$ 段。压损曲线的 $c \sim d$ 段表示物料颗粒完全处于悬浮状态，并被正常输送。在本阶段，物料颗粒均匀地悬浮在整个管道断面上，压损随流速的增大而增大。此时的压损特性曲线增大趋势与纯空气单相流的压损特性曲线基本一致。

两相流的压力损失除与输送气流速度有关外，也与物料的性质有关。容重大、具有尖角的不规则颗粒，压损也大。

对于容重和表面粗糙度大致相同的物料，其粒度分布越广，压损也就越大。颗

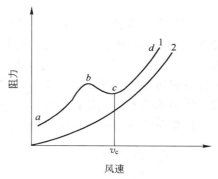

图 2-9　两相流的压损特性曲线
1—两相流压损特性曲线；
2—单相流（空气）压损特性曲线

粒大小不一时，其速度、碰撞次数、加速度等运动情况不一样。小粒径颗粒比大粒径颗粒更容易加速，所以，从后面追上来的小颗粒就更多，并且小粒径颗粒容易追过大粒径颗粒并和大粒径颗粒碰撞。因此，颗粒碰撞会损失一部分颗粒的动能，另外，大粒径颗粒后产生的旋涡也有可能将小粒径颗粒卷入，因此造成颗粒运动更为不规则，使压力损失增大。

第三章　气力输灰设备

气力输送系统主要由供料系统、集料系统、气源设备、输送管道以及其他辅助部分等构成。

供料系统：接收来自除尘器的灰料，并将其送到输送管道的所有设备总和；

气源设备：为气力输送系统提供动力的设备；

集料系统：承接来自输灰管道中灰料的所有设备总和；

第一节　供料系统

在气力输送装置中，供料系统的作用是接收来自除尘器灰斗的灰料，并将其送入到输送管道中，并且在这里物料与空气得到充分混合，继而被气流加速和输送。因此，供料系统是气力输送的"咽喉"部件，它的结构及性能对气力输送装置的输送量、工作的稳定性、能耗的高低有很大影响。尤其对于正压输送装置，供料系统的性能是否良好，将影响整个气力输送系统的正常运行。

供料系统主要由电动锁气器、干灰集中设备和物料发送设备组成。

一、电动锁气器

电动锁气器又称回转式给料器或星形泄料阀，是一种通用供料设备，常安装于锅炉除尘器灰斗和物料发送装置之间，作为气力除灰系统的前置给料设备，或者安装在贮灰库或中转灰库的卸灰口处，作为后续输送设备的给料设备。

电动锁气器的作用有三个：一是均匀、定量地卸（供）灰，避免由于卸灰量不当造成卸灰管堵塞；二是锁灰，在必要时停止转动，中断卸灰；三是锁气，电动锁气器不论用于灰斗下部还是贮灰库或中转仓下部，在其进、出口断面之间都存在一定的压差。例如，电除尘器内通常为负压，而正压气力除灰系统的除灰管道为正压，从而在电动锁气器进出口间形成了上小、下大的"反压"，容易造成漏风，影响除尘效果和灰斗正常卸灰。若漏入外界冷风，将使热灰遇冷受潮，使灰斗堵灰或蓬灰。目前，绝大部分电厂，在锅炉除尘器灰斗与物料发送装置之间均安装有电动锁气器。电动锁气器的叶片与壳体内壁之间留有 2~3mm 的加工间隙，即使叶片顶部装有密封条，正常卸灰时，由于灰斗灰位较低，仍会使其锁气性能下降；而当需要中断卸灰时，灰位升高，导致漏灰。因此，往往在电动锁气器和电除尘器灰斗之间加装一只电动或手动闸板门。

电动锁气器的结构如图 3-1 所示。它由外壳、星形转子和传动装置组成。工作时灰从上部灰斗直接落入机壳内的部分叶片之间（称格室），然后随叶片旋转至下端，从出口排出。转子一般由电动机和减速机驱动，其转速一般不超过 60r/min；转速过高时，进入锁气器的物料易被叶片甩出，使出力下降。国产的电动锁气器有 $10m^3/h$、$20m^3/h$、$40m^3/h$ 和 $60m^3/h$ 四种额定出力，工作温度为 200℃。

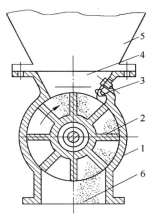

图 3-1　电动锁气器结构图
1—外壳；2—叶轮；3—防卡挡板；
4—进料口；5—灰斗；6—出料口

为防止由电动锁气器轴孔处漏入外部空气或漏出灰，在机壳的轴孔处配有密封圈和压盖。转子两端与机壳内侧壁的间隙不要超过 $0.3 \sim 0.4mm$。另外，转子叶片的顶部装有可拆换的端部压板和密封条（如毛毡条），转动时毛毡条与机壳内壁之间以摩擦状态接触，以防漏气。毛毡条或其他材料的密封条应紧贴机壳内壁，但也不得过紧，以空载时能用手盘动为宜；否则，摩擦力增大，易使电动机过载或出现转子不动的现象。

新装配的电动锁气器应进行 $2\sim4h$ 的空载试验，检修更换密封条后可进行 $1\sim2h$ 的空载检查。试验过程中不允许有杂音及碰撞的情况，轴承温度不得超过 60℃，否则应拆开重新调整。还应进行气密性试验，其方法是在出料口通入 40kPa 的压缩空气，如果 5min 内压降不超过 50%，即认为密封性能良好。

需要强调指出的是，当电动锁气器用于正压气力输送系统时，其实际出力受其本身漏风量的影响很大。在没有压差的情况下，实际出力应基本上与粉体从灰斗落下的速度和入口面积成正比。在低转速范围，叶片格室内灰的充填率高，实际出力随转速 n 成正比增加。在高转速范围，格室内灰的充填率逐渐降低，故实际出力随 n 成反比地减少。因此，对于一种规格的电动锁气器必然存在一个实际出力最大时的最佳转速。除此之外，如果电动锁气器进、出料口存在反压差，那么从出料口倒吸的上升气流将使粉体的下落速度减慢，实际出力随反压差的增大而减少。在外壳和叶片之间的"叶端间隙"一定的情况下，则上升气流量的大小将取决于灰斗内的灰层高度。灰层的高度越高，叶端间隙到灰斗内积灰层上表面的"灰压"越大，而灰压越大，越容易产生起拱现象，这种因灰压过大产生的拱称为"压缩拱"。而存在于积灰层上、下表面的反压差越大，上升气流就越大，这在一定程度上抵销了"灰压"，阻止了灰的下落，引发起拱现象，这种因反压过大而产生的拱即为"气压平衡拱"。

二、干灰集中设备

燃煤电厂锅炉电除尘器灰斗数量较多，为了简化系统，通常利用干灰集中设备将某个电场不同灰斗的灰集中起来，送往其他后续输送设备（如仓泵或干灰制浆设备）。最常用的集中设备有螺旋输送机、埋刮板输送机和空气斜槽。

（一）螺旋输送机

螺旋输送机是一种利用螺旋叶片旋转推移物料的连续输送机械。它主要由螺旋轴、料槽及驱动装置组成（图 3-2）。料槽的下部是半圆柱形槽体，带有螺旋叶片的螺旋轴沿纵向安装于料槽内，上部为可分段开启便于检修的平面盖板。当螺旋轴转动时，物料由于其自身质量及其与槽壁间的摩擦力的作用，不随螺旋轴一同作旋转运动，这样由螺旋轴旋转而产生的轴向推动力就直接作用到物料上而成为物料运动的推动力，使物料沿轴向滑动的现象恰似被持住而不能旋转的螺母沿螺杆作平移运动一样。

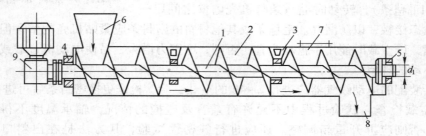

图 3-2　螺旋输送机结构原理图
1—转轴；2—料槽；3—轴承；4—末端轴承；5—首端轴承；6—装载漏斗；
7—中间装载口；8—卸载口；9—驱动装置

螺旋轴的前槽端和后槽端分别由止推轴承和径向轴承所支撑。止推轴承一般均采用圆锥滚子轴承，用以承受螺旋轴输送物料时的轴向力。止推轴承设于前端可使螺旋轴仅受拉力，这种受力状态比较有利。当螺旋输送机的长度超过 3~4m 时，除在槽端设轴承外，还需要补充安装中间的悬挂轴承，以承受螺旋轴的一部分质量和运转时所产生的力。悬挂轴承不能安装的太密，因为在悬挂处螺旋面被中断，会造成物料在该处的堆积，增加输送阻力。为此悬挂轴承的尺寸要尽可能小。料槽常用 3~6mm 的钢板制成。物料由料槽上部盖板处的进料口进入。泄料口既可以布置在螺旋输送机的中端，也可以布置在末端。在电除尘器下泄料口通常都布置在末端。料槽的上盖板可安装密闭的观察孔，以观察物料的输送情况。驱动装置包括电动机和减速机，两者之间用弹性联轴器连接，而减速机与螺旋轴之间常用浮动联轴器连接。

螺旋的形状根据输送物料的不同有多种。对于粉煤灰，由于颗粒细、黏滞性小，不随叶片旋转，通常采用全叶式螺旋（如图 3-2 中所示）。全叶式螺旋叶片一般采用 3~8mm 的钢板冲压而成，然后焊接到轴上，各个螺旋之间也用电焊焊接起来形成完整的螺旋。螺旋轴可以是实心的，也可以是管形的。在相同强度下，管形轴的质量要小得多，并且轴与轴之间可采用法兰连接，更加方便。螺旋与料槽之间的间隙一般根据输送物料的不同设定在 5~15mm 之间，间隙太大会降低输送效率，太小则增加运动阻力。

按输送方向分为水平螺旋输送机、倾斜螺旋输送机和垂直（向上）螺旋输送机三种类型。燃煤电厂常用的是水平螺旋输送机。

螺旋输送机的主要优点是结构简单，除驱动装置和螺旋轴外，不再有其他运动部件，运行管理和维护简单；密封好；占地面积小，横截面积小，便于在电除尘器灰斗下安装。缺点是动力消耗大，对过载敏感，要求均匀加料，螺旋机壳和悬吊轴承易磨损，旋转叶片与料槽之间易产生摩擦，输送粉料时对轴承防灰的要求高等。

（二）埋刮板输送机

埋刮板输送机是由常规刮板输送机发展而来的一种连续输送设备。两者虽都具有牵引链条、刮板、头部牵引链轮和尾部张紧链轮等主要部件，但结构特点、工作原理以及设计计算却有较大差异。刮板输送机是利用相隔一定间距固定在牵引链条上的刮板，沿着敞开的料槽刮运散料。埋刮板输送机是一种在封闭的矩形断面料槽内，借助于运动的刮板链条连续输送散体物料的设备。可在水平、倾斜、弯曲或垂直方向上输送粉状物料。运行时，刮板和链条完全埋在物料之中。作为电厂干灰集中设备，常采用水平布置方式。在水平输送时，物料受到刮板链条在运动方向的压力及物料自身重量的作用，在物料间产生内摩擦力。这种内摩擦力保证了散体层之间的稳定状态，并足以克服物料在料槽中移动而产生的外摩擦力，使物料形成整体料流而被输送至出料口。

如图 3-3 所示，埋刮板输送机主要由头部、装料口、泄料口、封闭料槽、刮板链条、中间段、过渡段和尾部等零部件组成。封闭的料槽分为上、下两部分，其中一个为有载分支，另一个为无载分支。料槽的头部设有埋刮板机的驱动部件，它由壳体、头轮、头轮轴、轴承、轴承座、脱链器等零部件构成。根据需要，可在头部安装堵料探测器。头部分为左装和右装两种形式；尾部是埋刮板机的张紧和改向部件，它由尾部壳体、尾轮、尾轴、轴承座、张紧丝杆等零部件构成，通过调节张紧丝杆来调节牵引链条的松紧，使之达到最佳状态。根据需要，可在尾部安装断链指示器。中间由若干段连接而成，以满足不同输送距离和转向的要求。根据需要在料槽的适当位置布置装料口、泄料口、检查口以及为链条导向的导轨、导轮等。

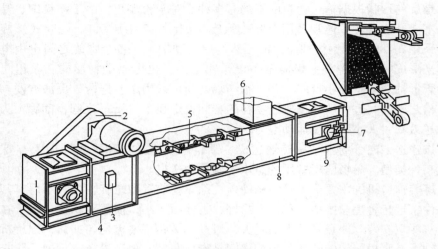

图 3-3　埋刮板输送机结构原理图

1—头部；2—驱动装置；3—堵料探测器；4—泄料口；5—刮板链条；
6—加料口；7—断链指示器；8—中间段；9—尾部

埋刮板输送机的优点是结构简单，体积小，安装方便，布置灵活，料槽具有足够的刚度，一般不必另加支架。密封性好，细灰不易外漏，并可根据电除尘器底部灰斗的数量、位置设置相应的装料口和出料口，装料口的尺寸可根据不同电场的卸灰量设计。埋刮板输送机的缺点是：链条埋在物料层中，工作条件恶劣，容易产生磨损。

表 3-1 是一种专为电厂除灰系统而设计的耐磨型埋刮板输送机的主要技术参数。

表 3-1　某电厂埋刮板输送机主要技术参数表

型　号		RMSM20	RMSM25	RMSM32	RMSM40	RMSM50	RMSM63
料槽宽度/mm		200	250	315	400	500	630
名义承载深度/mm		200	250	315	400	500	500
最大承载深度/mm		200	248	288	370	476	476
刮板链条	型　号	3002T				3003T	
	许用载荷/kN	50				75	
	重量/kg·m⁻¹	12.46	13.37	15.63	18.03	25.34	29.29
	速度/m·s⁻¹	0.04~0.08					
额定输送量/t·h⁻¹		3.15~6.3	5~10	6.3~12.5	12.5~25	20~40	25~50
最大输距离/m		75			50		45

（三）空气斜槽

空气斜槽是一种常见的粉料输送设备，它可以代替螺旋输送机和埋刮板输送机作为干灰集中设备，并且具有螺旋输送机和埋刮板输送机所没有的优点，如无运动部件，不存在机件磨损问题，功耗低等。但在布置方面也存在先天性的不足，只能向下倾斜输送，而不能水平或向上倾斜输送。

如图 3-4 所示，空气斜槽是一个长方形断面的输送管道，分上、下两个槽体。为了减小粉料运动时的摩擦阻力，从斜槽的上端部向下槽体送入一定压力和风量的空气。空气透过上、下槽体之间的多孔板（又称气化板）均匀地流入上槽体，再透过上槽体的粉料层从斜槽尾端的顶部排出。空气透过多孔板时，使粉料尘层处于流态化，从而大大提高了粉料的流动性，达到借助重力输送的目的。由此可知，空气斜槽内的空气流并不产生使粉料运动的推力，只是起流态化作用，以减小粉料与槽体、粉料自身颗粒之间的摩擦力。推动粉料向前运动的是粉料自身重力，因此，从本质讲，空气斜槽并不属于气力输送装置，而是一种气化作用下的重力输送装置。正是由于这一点，决定了空气斜槽的先天性不足，即只能以一定角度向下倾斜输送，不可以向上和水平输送。不同的粉料，由于物理性质不同，斜槽的倾斜度有所不同，一般斜度为 4%~6%；当用于电厂干灰集中设备时空气斜槽的安装斜度不应小于 6%。

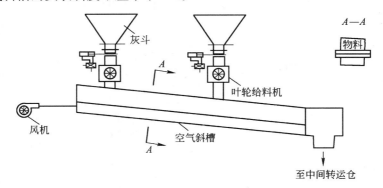

图 3-4　空气斜槽在电除尘器下的布置图

空气斜槽的多孔板材料一般为水泥、化纤织物、多孔陶瓷等。粉料流态化所需要的风量，由专用小型离心式风机提供，也可接至送风机出口。风压一般为 3~5kPa，若风压太小，则灰层不能达到理想的流态化效果；太大则会破坏灰层的结构，造成气化不均匀，甚至风量从局部旁路，以致出现局部粉尘被高速气流带走，而其他部位发生堵灰的情况。空气斜槽的排气中含有一定的飞灰，不能直接排入大气，如果配置布袋收尘器，不仅使系统复杂化，而且消耗气化风压，可行的办法是将排气直接引入电除尘器前烟道。为了防止低温潮湿的空气进入空气斜槽，使灰层结块引起堵塞，空气斜槽的外壁应采取保温措施；并且在空气入口管道上加装电加热装置，风温一般不宜低于 40℃，在潮湿地区，风温不应低于 80℃。

三、物料发送设备

物料发送设备泛指向输送管道或其他设备提供物料的机械装置。不同方式的除灰系统，所采用的发送设备是不同的。例如，正压除灰系统采用的是仓式气力输送泵、螺旋泵等，负压除灰系统采用的是受灰器或物料输送阀，微正压系统采用的是气锁阀。

（一）仓式气力输送泵

仓式气力输送泵简称仓泵，它是一种压力罐式的供料容器，其自身并不产生动力，但可以借助于外部供给的压缩空气对装入泵内的粉状物料进行混合、加压，再经管道输送至储灰库、中转仓或灰用户。

仓泵按其出料管引出方向分为上引式仓泵、下引式仓泵和中引式仓泵三大类型；按输送方式（间歇输送还是连续输送）可分为单仓泵和双仓泵。

1. 上引式仓泵

图 3-5 表示了传统的上引式仓泵（又称大仓泵）的结构原理。

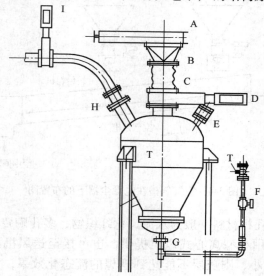

图3-5　上引式仓泵结构原理

T—仓泵本体；A—手动插板阀；B—方圆节；C—伸缩节；D—进料阀；
E—排气阀；F—进气组件（含手动调节阀、气动进气阀、止回阀）；
G—流化装置；H—出料管；I—出料阀

　　结构原理　上引式仓泵由仓泵本体、排气阀、进料阀、进气阀、流化装置、料位开关、出料管以及出料阀等部件组成。仓泵本体是一个带拱形封头、锥形筒底的圆筒形压力容器。仓泵的顶部装有进料阀，进料阀可采用圆顶阀、圆盘阀（又称摆动阀）、双闸阀等。进料阀采用法兰连接固定在仓泵的封头上。

　　流化装置安装在仓泵的底部。流化装置通过法兰对夹，气源通过进气阀进入流化装置后分布更加均匀，对于物料与气源均匀混合作用极大，确保物料能够顺畅的进入出料管，系统循环结束后减少残余物料沉积在仓泵底部。

　　仓泵装满灰后，进料阀、排气阀自动关闭，然后通入压缩空气，继而打开出料阀。灰气在仓泵内快速混合后经出料管输入输灰管道，直至进入灰库。

　　工作过程　上引式单仓泵的工作过程大致如下：

　　图3-5中所示的排气阀E首先打开，将仓泵的空气排出。再将进料阀D打开，向仓泵内进料。这两个阀门的启闭均靠气动执行。当仓泵内料位达到预定高度时，料位计动作，并发出信号将电磁阀关闭，气源切断后排气阀和进料阀自动关闭。当进料阀关闭后，其限位开关将电气信号传递给电磁阀，将进气组件F开启，压缩空气送至仓泵内，使仓泵内的粉料受到均匀的搅拌，当达到压力设定上限值，出料阀I打开，粉料从出料管H随压缩空气一起排出。

　　当仓泵内的粉料输送完时，仓泵内压力降低到预定值（通常不大于0.02MPa），压力传感器将电气信号传给电磁阀，将进气组件F关闭，停止输送。

　　仓泵的运行特性主要与仓泵结构形式、输送距离、管道布置、管径选择和分段，以及压缩空气的压力和耗气量等有关。其输送的过程大致可分为充压、输送和吹扫三个阶段。每次输送的时间大约为3~8min（输送时间与仓泵容积即输送粉料的量、输送距离有关，随输送粉料的量或输送距离的增加而增长）。实际运行中，通常以仓泵前压缩空气管道内的压力变化来判断各个阶段的工作状态，压力传感器的最佳安装位置就在仓泵之前压缩空气管道上。图3-6为上引式仓泵在不同的输送距离下，各个阶段的压力变化情况。

　　第一阶段为充压阶段，在出料阀开启之前，打开流化装置处的进气组件，压缩空气进入仓泵后，对灰进行扰动、搅拌，使之气化并悬浮起来，当仓泵内的压力达到设定值（如0.15MPa）后，系统的出料阀开启，其余进气组件同时开启，进入输送阶段。

　　第二阶段为输送阶段，进入输送阶段后有一个压降再回升过程，图3-6中用 t_1 表示。它是仓泵内气灰混合物逐渐由稀转浓的过程。由于灰气混合物是向无压的管道内送入，开始时供气管道的压力骤然下降，然后压力开始回升，直到灰流达到输送管道的出口前，在这段时间内压力上升的幅值取决于除灰系统的总阻力，也就是说与流速、浓度、管线当量长度以及仓泵本体的阻力等有关。而压力上升的持续时间则与耗气量、仓泵容积、输灰管道长度等有关。通常仓泵容积越大、管线越长，则压力持续上升的时间越长。

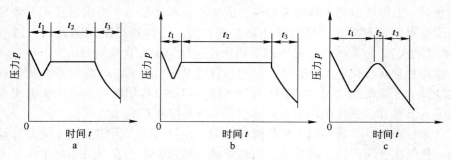

图 3-6　上引式仓泵压力变化
a—短距离输送；b—中距离输送；c—长距离输送

上引式仓泵的启动压力一般比系统的总阻力高 100~150kPa 以上，以保证输送的安全。为建立稳定的输送压力，必须保证足够的耗气量。在输送距离较短时，每分钟供给的气量可取仓泵容积的 6~7 倍；在输送距离较长时，可取仓泵容积的 10~12 倍。否则，容易造成堵管。

压力回升后进入仓泵的浓相输送阶段，图 3-6 中用 t_2 表示。该段时间占从通气至吹空总输送时间的比例越长，输送的效率越高。t_2 的长短也与输送距离有关，即输送的距离短时，t_2 相对就长些；而输送的距离长时，t_2 相对地短些。这是因为在输送距离长时，管道的总容积大，灰不易充满全部管路，有时灰刚达到管道末端仓泵已无灰，随之压力下降转入吹空清扫阶段。因此，当输送距离较长时，t_2 阶段一般不容易有稳定的持续时间。

第三阶段为仓泵的吹空及管路的吹扫阶段，图 3-6 中用 t_3 表示。仓泵的浓相输送阶段结束后，仓泵内的灰基本吹空，但仍有部分剩余的灰在仓泵内旋转而慢慢地进入除灰道。所谓吹扫，就是将仓泵内或输送管道内剩余的灰，特别是沉积在管道底部的灰，通过一段时间持续的吹送，使其清扫干净。特别在输送的距离较长、灰颗粒较粗、后段管径较大的情况下，吹扫时间往往较长。吹扫时间可以通过选择适当关泵压力（如 0.02MPa）来控制，如果关泵压力设定得偏高，泵关得过早，灰还没有吹完就停止吹扫，会造成下次输送的困难，严重时还会引起堵管。若将关泵压力设定得偏低，泵关得过迟，则延长了总吹送时间，影响除灰系统的出力，并使耗气量增加，降低了除灰系统的运行经济性。根据不同的情况，一般将关泵压力设定为比除灰系统的纯空气阻力高 50~100kPa，实际运行证明这时即使管道内存有少量余灰，也不致影响下一次输送。

表 3-2 给出了福建龙净环保股份有限公司设计的 LTR-U 系列上引式仓泵主要技术参数。

表 3-2　LTR-U 系列上引式仓泵主要技术参数

参数　　型号	LTR-500U	LTR-1000U	LTR-1500U	LTR-2000U	LTR-2500U	LTR-3000U
出力/t·次⁻¹	0.3	0.6	0.9	1.2	1.5	1.8
设计压力/MPa	0.8					
设计温度/℃	0~400					
几何容积/m³	0.5	1.0	1.5	2.0	2.5	3.0
泵体主要材质	16MnR					
输送气源压力/MPa	0.4~0.6					
仪表、阀门动作气源压力/MPa	0.45~0.65					
控制方式	可选择 DCS 程控、PLC+上位机程控、远程软件操作或就地手动操作方式					

2. 下引式仓泵

下引式仓泵又称为气力喷射泵，由泵体、进料阀、料位开关、排气阀、流化锥、出料阀和进气组件等部分组成，如图 3-7 所示。下引式仓泵出料的工作原理与上引式仓泵有所不同，出料管的位置在仓泵底部的中心，因此不需要在仓泵内先将灰进行气化，而是靠灰本身的重力作用和背压空气作用力将灰送入输送管内。但是在输送过程中仍需要对仓泵内的灰进行流化，确保灰不会黏结在仓壁上，能够保证输送结束后，仓泵内尽可能没有残余的灰分。

下引式仓泵所用的压缩空气分为三路：第一路由流化锥接入，作为流化下料、防止物料剩余之用，称为一次气；第二路是从仓泵顶部送入，用于平衡仓泵内压力，使仓泵内的灰容易流出，称为二次气；第三路从仓泵的出料管后水平方向管道接入，用来调节输送灰气混合比，同时使灰粒加速，称为三次气；一次气对输送出力和输送浓度的影响较大。在输送过程中必须保证一、二、三次气的适当比例。

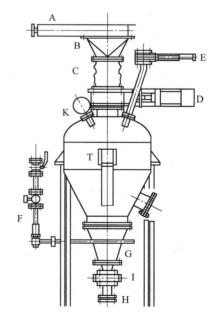

图 3-7　下引式仓泵结构原理图

T—仓泵本体；A—手动插板阀；B—方圆节；
C—伸缩节；D—进料阀；E—排气阀；
F—进气组件（含手动调节阀、气动进气阀、止回阀）；G—流化锥；H—出料管；
I—出料阀；K—料位开关

　　从系统运行过程的调试情况来看，仓泵所需的一、二、三次气之间的比例与系统出力、输送距离以及灰的物理特性（如密度、粒径、水分、黏附性）等因素有关，如调节不当，很容易发生除灰管道堵塞现象。如一次气过大，出料的速度过快，过多的灰分进入管道，无法及时输送就会造成堵管。

　　表3-3 给出了福建龙净环保股份有限公司设计的 LTR-D 系列下引式仓泵的主要技术参数。

表 3-3　LTR-D 系列下引式仓泵主要技术参数

参数 \ 型号	LTR-500D	LTR-1000D	LTR-1500D	LTR-2000D	LTR-2500D	LTR-3000D
出力/t·次$^{-1}$	0.3	0.6	0.9	1.2	1.5	1.8
设计压力/MPa	0.8					
设计温度/℃	0~400					
几何容积/m³	0.5	1.0	1.5	2.0	2.5	3.0
泵体主要材质	16MnR					
输送气源压力/MPa	0.4~0.6					
仪表、阀门动作气源压力/MPa	0.45~0.65					
控制方式	可选择 DCS 程控、PLC+上位机程控、远程软件操作或就地手动操作方式					

注：上述出力以粉煤灰为参考，堆积密度为 0.75t/m³，仓泵填充率为 0.8。

3. 中引式仓泵

　　中引式仓泵是比较典型的流态化仓泵，它集合了上引式仓泵和下引式仓泵的优点，由福建龙净环保股份有限公司在前两种形式仓泵的基础上研发（图 3-8）。中引式仓泵的流化装置使聚集于仓泵底的物料流化，便于灰气混合物均匀进入出料管，降低气流的扰动损失，提高了输送浓度或输送灰气比。由于出料管的位置距离流化装置较近，确保物料能够更顺畅地进入除灰管道。流态化仓泵的优点在于输送耗气量较小，输送的阻力较低，除灰管道的磨损减轻，目前在市场上已经大量使用，逐步取代上引式仓泵和下引式仓泵在很多工况下的使用。

　　中引式仓泵的底部流化装置采用多孔的气化板（如帆布），使仓泵体底部的灰能够得到更好的扰动，成为便于输送的流态化状态，从而提高输送灰气比和输送能力，这种流化装置的隐患在于使用寿命较短，帆布容易板结。除了多孔板流化装置，还有一种"宝塔式"流化装置。它是由一组直径不同、层叠放置的圆盘形不锈钢板组成的，每层圆形钢板之间留有约 1~2mm 间隙，形成环形气流栅。从气流栅流出的气流对仓泵底沉积物料产生扰动并使之流态化，由于流化风是从气流栅中呈放射性喷出，喷出后遇到锥形罐壁的阻挡产生自下而上的"U"形环

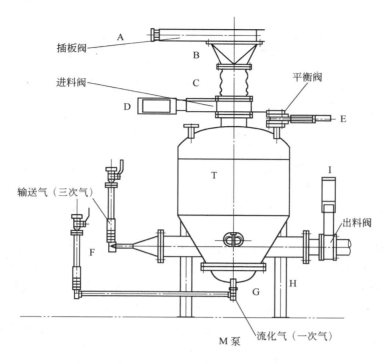

图 3-8 中引式仓泵结构原理

T—仓泵本体；A—手动插板阀；B—方圆节；C—伸缩节；D—进料阀；E—排气阀；F—进气组件
（含手动调节阀、气动进气阀、止回阀）；G—流化装置；H—出料管；I—出料阀

流，从而使物料的流化效果明显提高。该种流化装置的缺点是长期使用后钢板之间的间隙出现不均匀，则会产生气流分布不均匀，从而导致磨损、倒灰等情况。福建龙净环保股份有限公司开发出了一种新型产品——整体抖动式流化盘（图 3-9），这种流化盘主要材质为聚酯帆布，技术核心在于聚酯帆布的对夹结构。这种流化装置气流分布均匀，可以使灰和压缩空气充分混合，并有效地防止磨损和倒灰。这种新型流化装置在常规的粉煤灰输送中使用效果极其良好，但是不适用于省煤器或脱硝灰等灰温较高的灰分，高温场合目前只能选择"宝塔式"流化装置。

中引式仓泵具有泵内流化充分，出料均匀，输送压力稳定，同时又具有出料容易的特点，在运行过程中物料流化充分，输送稳定、输送出力大；并采用可控的多点进气方式，可通过一、三次气的比例调节系统的给料量和仓泵出力。下面就对中引式仓泵和下引式仓泵做一个简单的对比：

（1）仓泵出料位置。下引式仓泵出料口在仓泵的下部，下料主要是依靠灰的自重及部分流化作用，这种仓泵对于粗灰、重灰的适应性比较好。中引式仓泵

图 3-9　整体抖动式流化盘结构原理

的出料口在仓泵泵体的中下部，通过流化装置引导物料从出料管出去，这种仓泵对于大部分的灰都适用，能够比较好地应对多变的工况，满足生产需要。

（2）仓泵流化装置。下引式仓泵的流化装置一般以环绕的形式设置几个进气点为主，中引式仓泵的流化装置则是在仓泵底部以盘状流化进气，这样的流化效果比较好，流化均匀，灰气混合充分。下引式的流化装置对于下料的速度及出力无法进行控制，中引式则可以通过调节流化气与输送气的比例，对出料的速度及出力进行一定范围内的调控，这个作用在应对生产中多变的工况时非常有效。煤质及生产工况的变化会导致灰量的变化，如果不能对出力在一定范围内进行调整，那么出现堵管及输送不及时导致的灰斗高料位报警的概率就会大大地增加了。

（3）仓泵输送单元的配置。两种仓泵都可以进行单仓泵输送和多仓泵输送。下引式单仓泵输送和多仓泵输送都必须单配出料阀，中引式单仓泵输送单配出料阀，多仓泵输送可共用出料阀。在工况、出力等各种条件满足的情况下，选用中引式多仓泵串联运行，既能减少零部件的数量，又能减少运行的维护工作。

总之，仓泵的结构还是要根据物料的料性进行选择，包括物料的粒径分布、堆积密度、含湿量等。另外，也需要考虑灰量的大小及现场运行的工况。

表 3-4 给出了福建龙净环保股份有限公司设计的 LTR-M 系列中引式仓泵的主要技术参数。

4. 双仓泵

双仓泵由两台单仓泵与饲料机、出料阀等组成。两台单仓泵可以组成一套上引式双仓泵。一般单仓泵都有"左装"和"右装"两种形式，双仓泵须分别由一台左装型单仓泵和一台右装型单仓泵匹配组成。双仓泵的最主要功能是通过两台单仓泵的交替装料和出料实现物料的连续输送。

表 3-4　LTR-M 系列中引式仓泵主要技术参数

型号 参数	LTR-500M	LTR-1000M	LTR-1500M	LTR-2000M	LTR-2500M	LTR-3000M
出力/t·次$^{-1}$	0.3	0.6	0.9	1.2	1.5	1.8
设计压力/MPa	0.8					
设计温度/℃	0~400					
几何容积/m^3	0.5	1.0	1.5	2.0	2.5	3.0
泵体主要材质	16MnR					
输送气源压力/MPa	0.4~0.6					
仪表、阀门动作 气源压力/MPa	0.45~0.65					
控制方式	可选择 DCS 程控、PLC+上位机程控、远程软件操作或就地手动操作方式					

注：上述出力以粉煤灰为参考，堆积密度为 0.75t/m^3，仓泵填充率为 0.8。

双仓泵基本结构如图 3-10 所示。

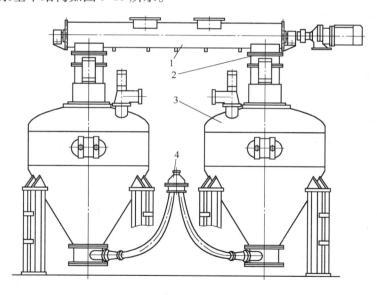

图 3-10　双仓泵结构图
1—饲料机；2—仓泵进料口；3—泵体；4—出料阀

饲料机是一种桨叶式给料机，由一台电动机和一台减速机驱动。饲料机壳体由钢板卷制焊接而成。本体有两个出料口，两出料口分别与两台单仓泵的进料口连接。进入饲料机筒体内的灰在直板桨叶的搅拌下，向进料阀开启的仓泵供灰。在筒体下部装有一组风管，其作用是使本体内的干灰呈气化状态。这种饲料机的特点是可以由切换挡板来控制，交替向两个方向给料。切换挡板的翻向是靠送灰时的压气冲开的，运行维护工作量较小。饲料机的结构如图3-11所示。

双仓泵的控制系统包括仓满指示机构、压缩空气控制管路等。由它们来控制执行仓泵的装料及送料。两台单仓泵的交替出料靠出料阀控制。出料阀具有两个进料口和一个出料口，通过切换阀芯将两台单仓泵的出料管与除灰管道交替接通。

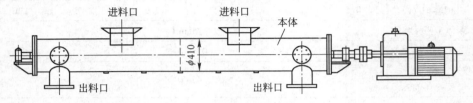

进料口　　　进料口　　本体

φ410

出料口　　　出料口

图 3-11　饲料机结构图

（二）受灰器、物料输送阀

受灰器和物料输送阀都是负压气力除灰系统专用灰气混合装置，处于除灰系统的始端，其基本作用都是接受物料和外界空气，并使之混合、加压（负压），进而吸入输灰管道，但两种设备的结构原理和供料效率（灰气比）不尽相同，在系统设计时应根据具体情况合理选用。

1. 受灰器

受灰器是一种连续排灰装置，装设在除尘器灰斗电动锁气器下部落灰管与负压气力除灰管道的交汇处。图3-12是一种常见的立式受灰器。灰从除尘器灰斗进入受灰器后，再通过插入受灰器的吸嘴被吸入管道。在吸嘴的周围有一环形进风口。外部的空气由此进入，作为吸口处干灰扰动的气流和输送的介质。进风口的截面是可调的。受灰器的侧部和底部分别开有一个检查孔，以备堵塞时清灰之用。

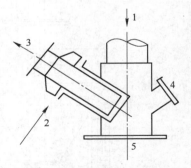

图 3-12　立式受灰器结构图
1—进料口；2—进风口；
3—出料口；4，5—检查孔

由于各种受灰器距气源设备的距离不等，因而阻力也不同。运行中应将距气源设备较远的受灰器进风口开大些，以减小该处的进风口阻力；而将离抽气设备较近的受灰器吸嘴进风口关小些，以增大进口阻力。从而使各受灰器排灰支管与除灰母管连接处的负压基本接近，避免出现因其负压相差过大而造成各受灰器排灰不均，甚至堵灰的现象。此外，受灰器进风口的加工应尽可能精细些，以免因节流压损过大而影响调节性能。

负压气力除灰系统常用受灰器的主要技术性能见表3-5。

表 3-5　立式受灰器主要技术性能

规　格	DN100	DN125	DN150	DN200	DN250
输灰能力/t·h⁻¹	2.5	3.6	5	10	15
质量/kg	56	78	113	165	200

2. 物料输送阀

物料输送阀又称 E 形阀或除灰卸料阀,是继受灰器之后用于负压气力输送系统的一种新型灰气混合装置。其作用与受灰器相同,也是将存储在灰斗下的干灰与输送空气混合成灰气混合流,均匀稳定地输送到管道内。

物料输送阀一般为卧式布置。如图 3-13 所示,物料输送阀由进料斗 1、进气调节阀 2、电磁阀 3 及出料管 4 及电动闸阀 5 组成。不锈钢滑动闸门由气缸控制其开关,气缸接有电磁阀及行程开关,可进行远距离控制。利用滑动闸门,可控制进入系统的灰量,也可使灰斗与输送管道分开。

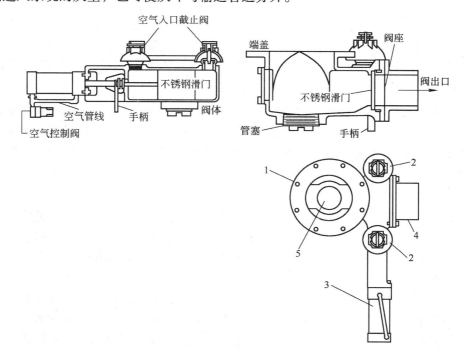

图 3-13　物料输送阀结构图

1—进料斗;2—进气调节阀;3—电磁阀;4—出料管;5—电动闸阀

吸入系统中的空气量由两个位于物料输送阀进口与滑动闸门之间的进风阀供给,是输送空气的主气源。运行中,当系统达到一定真空度时,汽缸控制滑动闸门打开，空气从进风阀进入，与灰斗落下的灰混合，气灰混合物经除灰管道输送至储灰库或中转仓，直到飞灰输送完后，真空度下降，滑动闸门随之关闭。调整进风阀，可改变输送浓度。在阀体的后面及底部设有手孔门，用以清除杂物及积灰。

物料输送阀的主要技术参数见表3-6。

表 3-6　物料输送阀主要技术参数

参数 型号	WSF-300×150（左）、WSF-300×150（右）
输送物料	干灰或粉状物料
工作压力/MPa	0~-0.09
物料温度/℃	<150
出料口口径/mm	150
进料口口径/mm	300
控制气源压力/MPa	0.4~0.6
质量/kg	106

（三）气锁阀

气锁阀是微正压气力除灰系统的主要设备。它是一种利用重力将灰或其他粉体物料，从其上方的低压区传送到下部高压区的新型设备。在系统中其布置方式类似于负压系统的受灰器和物料输送阀，也是每只灰斗的底部各安装一只气锁阀。

1. 气锁阀的结构原理

如图3-14所示，气锁阀通常由上料室、下料室、上闸板门、下闸板门、气缸及三通平衡阀组成。下料室的上闸板门即是上料室的下闸板门，而下料室的出料口是与输灰管道开放连接的。三通平衡阀的作用是通过切换相应的管路对上料室交替加压和泄压。

在上料室的锥体部分，设有四只气化装置，以提高灰的流动性，防止在锥口产生堵灰或棚灰。上、下闸板由气缸操纵的拐臂和轴带动旋转。轴穿过盖板，气缸装在闸板外面，便于检修和更换。轴通过其方形的端部带动闸板，板弹簧装在闸板下面施压，使闸板贴合在阀座上。阀座由陶瓷制成，具有很高的耐磨损性，可以更换。在上料室和下料室的侧面均设有检修用手孔门。

2. 气锁阀的工作程序

气锁阀的工作程序是：

（1）当除尘器灰斗中的灰积到设定时间时，灰斗与上料室之间的平衡阀自

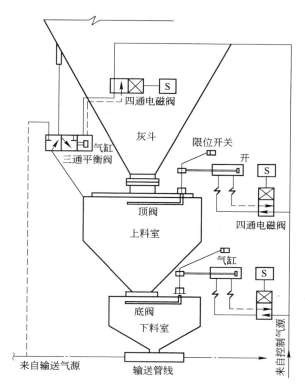

图 3-14　气锁阀的结构原理图

动打开，三通平衡阀处于使上料室与灰斗连通状态。

（2）待灰斗与上料室的压力达到平衡时，上闸板门打开，灰料借助自身重力流入上料室，并在上料室贮存下来（因而上料室又称为贮灰室）。

（3）经过另一预设时间间隔后，灰斗与上料室之间的三通平衡阀自动关闭，上闸板门也随之关闭。三通阀切换到上料室与压力风管相通的位置，对上料室加压，使室内压力稍高于输送管道的压力。

（4）下闸板门开启，物料以一定速度流入输送管道，被气流带走。

（5）再经一预定时间后，下闸板门关闭，停止输送。同时三通平衡阀再次切换，对上料室泄压。

（6）随后上闸板门再次开启，进入下一个装料、泄料程序，依次反复循环。

由于气锁阀本身具有装料和卸料功能，因此整个系统控制方式非常灵活。既可以使每只气锁阀交替装料、泄料，也可以多台同时装料、泄料。通过总的程序控制器，操作人员可以自由选择各种工作方式。

气锁阀除用于锅炉除尘器灰斗底部，还可用于负压除灰系统灰库库顶布袋除尘器的下部，主要作用是将灰库与高真空系统隔离，并将布袋除尘器小灰斗中的灰排入灰库。

3. 气锁阀的主要技术指标

气锁阀的主要技术指标如表 3-7 所示。

表 3-7　气锁阀的主要技术指标

型号 参数	SQZ0.4	SQⅠ0.4 SQⅡ0.4	SQⅠ0.7 SQⅡ0.7	SQⅠ1.0 SQⅡ1.0	SQⅢ0.7
输送物料	粉状物料				
有效容积/m³	0.4	0.4	0.7	1.0	0.7
设计压力/MPa	0.2	0.24			
物料温度/℃	<150				350
控制气源压力/MPa	0.4~0.6				
最大工作压力/MPa	-0.09	0.2			
质量/kg	720	720	770	820	770

表 3-7 中 SQ 型用于微正压气力除灰系统，安装于锅炉电除尘器灰斗下部，SQZ 型用于负压气力除灰系统，安装于库顶布袋除尘器灰斗下部。

4. 安装设计要求

气锁阀的安装设计应遵循如下要求：

（1）气锁阀与灰斗之间应装设手动插板门；

（2）每一分支管道上的气锁阀数量不宜多于 10 个，避免泄漏量大；

（3）输送系统的分支管道宜与烟气的流动方向垂直布置；

（4）到每一分支管道的空气输送管上应安装一孔板，孔板的孔径应按输送管道和平衡管道之间的压差为 7kPa 确定；

（5）当系统具有一个以上分支管道时，在空气管（平衡管后）到每一分支管的水平管段上应安装一个弹簧止回阀，以防含灰气流倒流入平衡管内；

（6）在回转式鼓风机出口处应安装一弹簧止回阀。

气锁阀气力输灰系统的输送能力一般可达 80t/h，输送距离约 500m，收尘装置简单（与仓泵系统相同）。其缺陷是：体积高大，若灰斗下空间高度不足则不能安装；用量多，投资大，当输送距离在 150m 以下时，费用要高于负压输送系统。

第二节　集 料 系 统

气力除灰系统中集料系统主要包括灰气分离除尘设备和储灰库。灰气分离除尘设备的主要作用是将干灰从灰气混合物中分离出来，收集到贮灰库或中转仓内。根据有关技术规定，正压气力除灰系统的除灰管道直接接入储灰库，乏气经布袋除尘器过滤后排放。负压气力除灰系统中，气灰混合物须经过两级或三级收尘器进行分离，第一（二）级收尘器为旋风收尘器，第二（三）级收尘器为布袋收尘器或泡沫收尘器。本节对燃煤电厂气力除灰系统中应用较多的几种库顶收尘设备的结构、原理及有关性能作简要介绍。

一、旋风分离器

旋风分离器是负压气力除灰系统的关键设备之一，通常安装在灰库的库顶作为物料和空气流的第一级分离设备。旋风分离器是利用飞灰切向进入旋风分离器筒体时所产生的惯性离心力进行灰气分离的。大部分粗颗粒被甩向筒壁，少量细灰随清洁空气从分离器的顶部出口排出，并进入二级除尘器。

用于锅炉烟道粉尘分离的标准型旋风分离器有多种，如 CLT/A 型、CLP/A 型以及 CLP/D 型等。这些标准型旋风分离器也曾较多地应用于负压气力除灰系统，但是由于气力除灰管道内气流的含尘浓度大大高于锅炉烟道的烟气含尘浓度，标准旋风分离器在结构设计上存在诸多不适宜之处。近年来国内厂家借鉴国外技术，研制开发了多种专门适用于负压气力除灰系统首级收尘的新型旋风分离器，其中 B60 型和 CLT/A-1×1.0 型两种设备已广泛应用于燃煤电厂负压气力除灰系统中。

（一）B60 型旋风分离器

如图 3-15 所示，B60 型旋风分离器主要由筒体 5，耐磨衬板 1，送气口 3，排气口 4，平衡闸阀 9、10 等构成。本体分上、中、下三个腔室。含尘气流从筒体的上部沿切线方向进入分离器，灰料在离心力的作用下顺筒壁向下流动。分离后的气流折向沿中心圆筒从分离器的顶部出口排出，进入下一级收尘器。分离器的放灰门和相关的平衡闸阀由定时换向开关控制，按照预定程序连续、重复性地动作。分离器的工作程序是：当上放灰门平衡阀处于关闭状态时，上腔室开始进灰并进行分离；经某段预定时间后，上、中室之间的平衡阀开启，使上、中室内的压力得到平衡，然后上门打开，让聚集在上室的灰流入中室；经过另一预定时间间隔后，上、中室的平衡闸阀关闭，上门关闭，然后下平衡阀打开，使中室与下室（连接灰库）之间的压力得到平衡，而后下门打开，开始向灰库排灰；稍后，下平衡阀关闭，经某一段预定时间后下门关闭。至此，完成一次分离、排灰循环，设备进入下一个循环。分离器从进灰分离到排灰的全部过程既保持了连续性，又实现了除灰管道与灰库之间的密封。

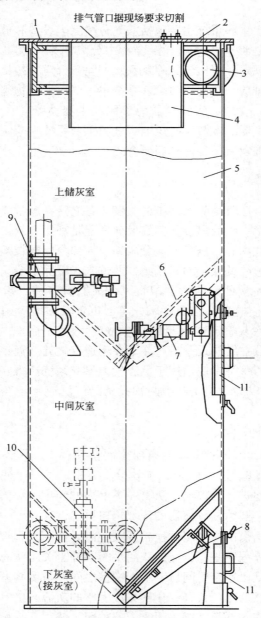

图 3-15　B60 型旋风分离器

1—耐磨衬板；2—顶盖；3—进气口；4—排气口；5—筒体；6，8—上、下卸灰门；7—汽缸；
9，10—上、下平衡阀；11—检修门

（二）CLT/A-1×1.0型旋风分离器

CLT/A-1×1.0型旋风分离器如图3-16所示。其工作程序如下。

当系统投入运行时，旋风分离器的气动平衡阀处于旋风分离器与小灰斗连通的位置上，运行3.5min后，气动平衡阀切换到中间小灰斗与下部灰库相通的位置。此时关闭旋风分离器的下气动闸门板6，同时打开中间小灰斗的气动闸门4（上、下两只气动闸板门联锁动作），开始向灰库排灰。当排灰时间达到1.0min时，气动平衡阀又切换到旋风分离器与中间小灰斗相通的位置，同时打开旋风分离器下气动闸板门，关闭中间小灰斗的气动闸板门，依次连续运行。

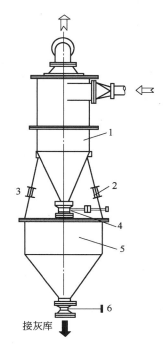

图3-16 CLT/A-1×1.0型旋风分离器
1—分离筒；2，3—气动平衡阀；
4—上气动闸板门；5—中转灰斗；
6—下气动闸板门

二、脉冲布袋收尘器

布袋收尘器是一种高效收尘装置，它利用多孔纤维材料的过滤作用将含尘气流中的灰捕集下来。布袋收尘器广泛应用于各种形式的气力除灰系统中。

布袋收尘器按过滤方式，分为内滤式和外滤式；按清灰方式，分为机械振打式、反吹式和脉冲喷吹式等。

脉冲布袋收尘器的基本结构如图3-17所示。它由以下几部分组成：

（1）上箱体，包括排气箱1，净化气体出口管18。

（2）中箱体，包括除尘箱11，滤袋10，支撑滤袋的骨架9及花板3。

（3）下箱体，包括灰斗14及进风管13。

（4）排灰系统，电动锁气器16。

（5）喷吹系统，包括压缩空气包4、喷吹管2、压缩空气控制阀5、脉冲阀6、喇叭管7及脉冲信号发生器12。控制阀有气动和电动两种。

含灰气流由进风管13进入灰斗上部，由于气流的速度和方向都急剧改变，大部分灰从气流中分离出来，落入灰斗内，剩余的细灰随气流冲向滤袋，并附着在滤袋外表面。清洁空气进入滤袋内部，再由收尘器的出口排入大气。

留在滤袋一侧的细灰，大部分借助自身重力脱落到底部灰斗库内，小部分继续附着在滤袋外表面。细灰在滤袋外表面的适量附着，提高了滤袋的过滤性能，但附着厚度的增大，使得过滤阻力不断增加。为了保持收尘器的阻力在一定范围

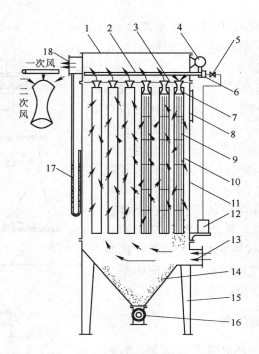

图 3-17　脉冲喷吹式布袋收尘器结构示意图

1—排气箱；2—喷吹管；3—花板；4—压缩空气包；5—压缩空气控制阀；6—脉冲阀；7—喇叭管；
8—备用进气口；9—滤袋支撑骨架；10—滤袋；11—除尘箱；12—脉冲信号发生器；13—进风管；
14—灰斗；15—机架；16—电动锁气器；17—U 形衡压计；18—净化气体出口管

之内（一般为 1.2~1.5kPa），必须经常清除滤袋表面的积灰。脉冲喷吹式布袋收尘器由脉冲控制仪定期按程序触发开启电磁喷气阀，使气包内的压缩空气由喷吹管孔眼高速喷出。每个孔眼对准一个滤袋的中心，通过文氏管的诱导，在高速气流周围形成一个比原来的喷射气流（一次风）流量大 3~7 倍的诱导气流（二次风）。两股气流一同经文氏管进入滤袋，滤袋在瞬间产生急剧膨胀，引起冲击振动，并产生由袋内向袋外的逆向气流，使黏附在滤袋外表面的积灰被吹抖下来，落入灰斗 14。喷吹一排滤袋使其清灰的过程称为一个脉冲。每一喷吹管的喷吹时间，即脉冲宽度 t_1，可在 0.05~0.30s 范围内调节（图 3-18）。两排滤袋清灰的时间间隔 t_2 称喷吹间隔。喷吹时间 t_1 加上喷吹间隔 t_2 为脉冲周期 t_3。脉冲周期可以根据收尘器阻力情况在 1~60s 或更长时间内调节。全部滤袋完成一个清灰循环过程的时间为喷吹周期。

　　正压气力除灰系统的库顶布袋收尘器与灰库直接安装在一起，用于过滤灰库乏气，又称为排气收尘器。由于灰库的排气压力很小，故本体结构与负压气力除灰系统的布袋除尘器有所不同，通常为箱式结构。灰经正压除灰管道首先进入灰

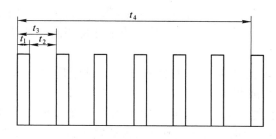

图 3-18　清灰脉冲示意图

t_1—脉冲宽度或喷吹时间；t_2—脉冲间隔；t_3—脉冲周期；t_4—喷吹周期

库，由于灰库的突然扩容作用，95%以上的灰直接落入灰库，极少量细灰随排气一起进入库顶排气布袋除尘器，经过滤后排入大气。

LMG 型库顶排气脉冲布袋除尘器主要的技术参数见表 3-8。

表 3-8　LMC 型库顶布袋除尘器主要技术参数

参数 \ 型号	LMC-36	LMC-64	LMC-96	LMC-120	LMC-150
介质	空气、粉煤灰				
过滤面积/m²	29.4	52.2	78.4	98	122.4
处理风量/m³·min⁻¹	23.5	41.8	62.7	78.4	98
滤袋数/只	36	64	96	120	150
滤袋规格/mm×mm	φ130×2000				
工作温度/℃	<150				
风速/m·min⁻¹	<0.8				
喷吹耗气量/m³·min⁻¹	0.21~0.42	0.30~0.62	0.50~1.10	0.9~1.8	1.0~2.1
喷吹压力/MPa	0.2~0.6				
质量/kg	820	1190	1860	2030	2270

三、灰库

灰库又称灰仓，位于气力除灰系统的末端，是各类气力除灰系统所共有的设施，具有收集、存储和泄料功能。

（一）灰库的类型与结构

燃煤电厂的灰库根据其基本功能可分为储灰库和中转灰库。储灰库的主要功能是将干灰收集下来并在一定期限内储存在库内，以备装车（船）外运。储灰库一般距离电除尘器较远，建在厂内或厂外。

中转灰库一般建在厂内，距离电除尘器较近。其主要作用是先将干灰集中并短时间储存，以便于利用其他设备、系统或设施将灰向厂外转运。

灰的转运方式通常有：

（1）干式直接转运，利用气力除灰方式或机械输送方式将干灰转运到厂外的储运灰库、灰用户或灰场；

（2）干灰调湿后转运，利用湿式搅拌机将干灰加水搅拌成湿灰（含水率为15%~30%）后，再利用运灰汽车或其他机械式输送方式转运至灰场或装车（船）；

（3）干灰集中制浆，利用干灰制浆设备将干灰制成高浓度的灰浆（灰水比为1：（1.5~3））再利用灰渣泵（一般为柱塞泵，离心泵）水力除灰渣系统长距离输送至灰场。

灰库由上至下一般分为四个建筑层：库顶层、仓室层、机务层和库底层（图3-19）。库顶层主要安装有干灰分离设备，如旋风分离器、脉冲布袋除尘器、电除尘器和乏气布袋收尘器等。此外还有真空压力释放阀、料位计、配气箱以及管道切换阀等附属装置。

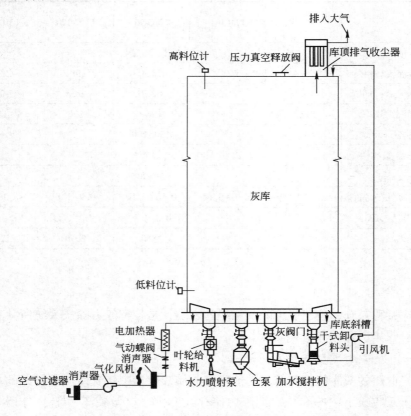

图 3-19   灰库及其附属设备示意图

仓室层，即储灰仓。仓室从建筑材料上分为钢结构和钢筋混凝土结构，从仓室形状上分为锥斗仓和平底筒仓。锥斗仓多为钢结构，平底筒仓多为钢筋混凝土结构。目前燃煤电厂多为钢筋混凝土结构的平底筒仓，事实上平底筒仓并非平底，只是锥度很小。为了保证灰库干灰顺畅排出，仓室底部呈放射形布置若干气化斜槽。

机务层安装有电动锁气器、散装机或湿式搅拌机以及检修平台和就地控制装置等。

库底层即零米层，是灰外运的通道。因此，底层应具有足够的空间高度。对于中转灰库，在零米层及零米层以下通常布置外运转运设备，如仓泵或干灰制浆设备、灰渣池、灰渣泵等。

灰库的功能和设备配置与灰的最终或后续处理方式、输送量、场地条件以及资金条件等许多因素有关，各电厂不尽相同。许多大型灰库同时具有中转和储存的功能。

（二）灰库的有效容积计算

灰库的有效容积可按下式计算：

$$V_h = \frac{TG_m}{\psi \rho_h n} \tag{3-1}$$

式中 T——存灰时间，h；

      G_m——系统出力，kg/h；

      ψ——灰库充满系数；

      ρ_h——干灰的堆积密度，kg/m³；

      n——灰库座数。

由于灰库底部装有气化装置，灰堆自身存在一定的安息角，灰库不可能被装满。此外，库顶装有料位计、高料位报警和高高料位停运系统等，灰库上部必须留有一定空间。因此，灰库的充满系数总是小于1。对于高度较低的小灰库，其充满系数可按0.7~0.8选取。

目前大容量机组的贮运灰库直径一般为12m或15m，灰库底部都有气化装置，其安息角一般为15°。灰库顶部装有料位探测器、高料位报警、高高料位停运系统。一般高料位距库顶1.5m，高高料位距库顶0.8m。现在灰库筒仓高度有的高达20多米，如果充满系数 ψ 仍按0.7~0.8选取，则误差较大。正压系统灰管直接进入灰库，灰库的有效高度即为库顶减去板厚。负压系统输灰管先经过旋风收尘器和布袋收尘器再进入灰库，收尘设备的下部都有缓冲斗，故计算灰库的有效容积，可按灰库有效高度减少1.5~2m进行计算。

灰库的结构设计应按灰的物理特性设计。表3-9为美国ASH公司灰库设计数据，可供设计中参考。

表 3-9　灰的物理特性

项　　目		烟　煤	次烟煤	褐　煤
密度 /t·m⁻³	输送	0.72	0.53~0.88	0.72
	堆积	0.88	0.88~1.28	1.04
	结构荷重	1.2	1.44~1.92	1.2
安息角 /(°)	一面是直壁时	30	30	30
	有气化	15	15	15
	无气化	45	45	45

灰库的存灰时间 T 是指在系统排灰量下灰库被装满所需时间，它可按下列原则选定：

（1）对于储运灰库，存灰时间可取 24~28h；

（2）对于中转灰库，存灰时间可取 8~10h。

为了使库顶收尘设备互为备用，相邻的灰库宜设连通管及隔离阀。德国莫勒公司为嘉兴电厂设计的灰库，相邻库之间都有连通管，三座灰库的库顶经常只运行一台排风机和过滤器，减小设备的磨损，也减少了设备维修量，国内一些电厂也采用这种方式，均取得了良好效果。

灰库应按粗细分开设置，以利于干灰的综合利用。根据多数电厂经验，2 台 300~600MW 机组合用一个细灰库，各设一个粗灰库，可满足要求。对个别 600MW 机组，如灰量较大，每台机组各设一个粗灰库，有困难时，根据工程情况可每台机组各设两个粗灰库。

（三）平底和锥底灰库的设计要求

1. 平底灰库

平底灰库的库底气化斜槽的设计应满足下列要求：

（1）气化斜槽应均匀分布于底板上，其总气化面积最小不宜小于库底截面积的 15%，并应尽量避免死区；

（2）气化斜槽的斜度宜为 6°；

（3）当库底设有 2 个排灰孔，且其中心距不小于 1.8m 时，应在两孔间装设坡度相反的气化斜槽；

（4）库底气化斜槽的气化空气量可按每米斜槽耗气量（标准状态）为 0.62m³/min 选取；

（5）气化斜槽灰侧的气压与灰的堆积密度有关，不宜大于 98kPa；

（6）各进气分支管宜装设流量自动调节门，保持各进气点的进风量均匀稳定。

2. 锥底灰库

锥底灰库的设计应满足下列要求：

（1）锥壁与水平面夹角不应小于 60°；

（2）第一排设 2 块气化板，对称布置，并应靠近库底排出口；

（3）第二排设 4 块气化板，应在四个侧面对称布置；

（4）每块气化板的面积为 150mm×300mm，其用气量（标准状态）可为 0.17m³/min，在气化板灰侧的压力可为 58.8kPa。

四、库底设备

（一）加湿搅拌机

加湿搅拌机通常安装在灰库底部的工作平台上，用于将灰库排出的干灰加入适量的水经过搅拌机的搅拌后制成调湿灰，以便于大吨位自卸卡车运输。

目前国内常用的粉煤灰加湿搅拌机主要有三种：滚筒式、立式和双轴搅拌式。

滚筒式加湿搅拌机是在呈一定角度卧置的滚筒内部上方，设置了一个雾化喷嘴矩阵，当粉煤灰从滚筒高端的空心轴中流入旋转的滚筒内时，粉煤灰在离心力和与筒壁摩擦力的作用下依附在筒壁上随滚筒一同旋转，并被带至滚筒上部。然后又被安装于滚筒内的高度约为滚筒直径 7/10 处的刮刀刮下，并被抛向底部的筒壁。由于滚筒呈 α 角斜置，所以被抛下的粉煤灰在下落的过程中同时向出料口前进了约 0.7Dtanα（D 指滚筒内径）的距离；筒内粉煤灰在不断被提升又不断被抛下的连续过程中，与精心设置的雾化喷嘴喷出的均匀密布的雾化水滴相碰撞而混合，下抛时与筒壁的撞击又起了搅拌作用，从而完成粉煤灰与水的均匀混合、搅拌，并陆续从搅拌机底部的卸料口排出。滚筒式加湿搅拌机通常都在进料口上部配有叶轮给料机，以便产生稳定、均匀的料流使之在与水的混合搅拌过程中获得较均匀的搅拌效果。同时叶轮给料机和滚筒的转速在一定的范围内无级可调，喷雾水量也因装有调节阀可以调节，因此可以满足不同出力、不同干湿度工况条件下的需要。

立式搅拌机的外形为一倒锥形筒体，上大下小，上部进料口内置一流量调节锥，流量调节锥下设置空心圆盘形喷雾集流腔，其四周侧面装有侧射雾化喷嘴，底部装有下射强力喷嘴；同时锥形筒体内上侧也装有部分下射雾化喷嘴。当粉煤灰从进料口与流量调节锥之间的环隙进入搅拌机时，在电动机驱动旋转的调节锥通过摩擦力传递的离心力的作用下，被均匀地向四周抛出下落，形成圆周形灰幕，被正对着它的呈不同喷射角度的雾化喷嘴所喷射出的水雾充分、均匀地浇淋而混合，当它落到锥体下部时，又受到与调节锥一起旋转的搅拌刮刀的搅拌和下推，并在强力喷嘴的共同作用下从搅拌机下部的卸料口排出。搅拌刮刀同时也对锥形筒体内壁黏附的湿灰起清除作用，防止灰越积越厚影响搅拌机的正常运行。出力的调整是通过调节流量调节锥的高度使进入搅拌机的灰量发生变化来实现的。当流量调节锥的高度变化时，流量调节锥与进料口倒锥间的间隙随之发生变化，这样就改变了粉煤灰入口流道的通流面积，从而达到调节进入立式搅拌机的物料流量的目的；同时由于进入立式搅拌机的调湿水的水量也可以通过搅拌机上配置的水量调节阀进行调整，所以可以很方便地改变立式搅拌机的出力和干湿度，以适应不同机组、不同工况条件的需要。立式搅拌机的进料口一般不配叶轮给料机，因此其出力较大，可达到 250t/h（调湿灰）以上，而且它的安装高度比较低。

双轴搅拌机通常采用卧置，在其截面为扁 U 形的长槽体内设有两根由电动机驱动的相向旋转的轴，轴上装有具有一定倾角或螺旋角的叶片，当粉煤灰进入搅拌机后，在旋转叶片的强制搅拌和推进过程中，与上部雾化喷嘴组喷出的水雾充分混合，边搅拌边前进，从而完成混合、搅拌、卸料的连续过程。双轴搅拌机的进料口一般需要配置可无级调速的叶轮给料机，一方面用于均匀进料，另一方面可以作出力或干湿度的调整。与其他搅拌机一样，双轴搅拌机也随机配有供水流量调节阀，以配合叶轮给料机进行干湿度调节。经过双轴搅拌机处理过的调湿灰灰水混合均匀，搅拌效果较好，在灰水配比不当时有较强的适应能力。特别是在处理像神府、东胜煤灰这样的粉煤灰时，由于其 CaO 含量高，灰的粒度又很细，不容易吸水，喷嘴喷出的雾化水往往聚集在灰的表面，不容易透过已湿的表层深入内部的干灰内，往往造成搅拌不均匀或粉尘飞扬的情况，而双轴搅拌机通常都能适应这样的工况。但是由于是强制搅拌，因此双轴搅拌机消耗的功率较大，搅拌叶片的磨损严重，所以应采用耐磨材料制造搅拌叶片和采取其他防磨措施。

（二）干灰散装机

干灰散装机通常同加湿搅拌机一起安装在灰库底部的工作平台上，也可以安装在库侧，用来向粉煤灰散装罐车供料，以便运往水泥厂、加气混凝工厂等处综合利用。

干灰散装机的主体是一只可以上下伸缩的带有环形夹套的套筒式柔性卸料管，中间用于卸料，夹套部分用于排气；上部是进料口，与灰库卸料斗相接，中间装有阀门；下部是卸料口，直接对准罐车的进料口向罐车卸料；在散装头上部侧面，设有排气接口，通过管道接到与干灰散装机一起提供的排尘风机入口，利用排尘风机将乏气从灰库顶部引入灰库，通过系统设置的库顶排气布袋除尘器的过滤作用，将排气净化后排入大气，过滤下来的粉尘则与仓泵等气力除灰设备输送过来的干灰一起存放在灰库内。在排气管上通常都串接一只止回阀，以防气力除灰系统工作时库内的灰气倒流入排尘风机和干灰散装机。此外，干灰散装机还配有一台双线牵引卷扬机来控制卸料口位置的高低，以便向不同吨位、不同进料口高度的罐车供料；同时在罐车进出时，可以提起散装头以免碰坏，而在卸料时可使散装头对准罐车的进料口并插入其内，以免卸料时物料撒到罐车外污染环境。在散装头的卸料出口内，可以根据需要设置料满信号装置，以使罐车装满料后料满信号装置自动发信控制干灰散装机上部的进料阀关闭，防止罐车满料后物料溢出。如果干灰散装机没有配置料满信号装置，则需人工就近观察控制，既麻烦又容易发生溢料事故。

当粉煤灰罐车在干灰散装机下定位完毕，散装头的卸料口在卷扬机的带动下对准罐车的进料口缓缓降下插入其内时，就可以开始卸灰作业。先启动排尘风机，然后开启散装头与灰库卸料斗之间的进料阀，粉煤灰从灰库通过灰斗流出，经散装头中间的卸料管流入罐车内，罐车内溢出的含尘空气被排尘风机产生的负压吸入散装头柔性外筒与中间卸料管之间的环形夹套内，从排气口排出，然后经过排尘风机排入灰库。罐车料满后，料满信号装置发信，自动控制进料阀关闭，再用卷扬机提起散装头，装满料的罐车就可以开走，然后是下一辆待装的空罐车驶入，进入下一个循环作业。由于干灰散装机配有排尘风机，卸料作业时基本没有粉尘飞扬，工作人员可以在不到1m的近距离内观察卸料作业而无需防护。

第三节　气源设备及空气干燥装置

气源设备的功能是将自身的机械能传递给空气，使空气产生压力差而在输送管道内流动，为气力输送系统提供动力源。气力输送系统对气源设备有特殊要求，如效率高，风量、风压要满足输送物料的要求；风压变化时对风量的影响要小等。燃煤电厂气力除灰系统常用的气源设备有空气压缩机、鼓风机（如离心式、罗茨式）和水环式真空泵等。

一、空气压缩机

空气压缩机的种类很多，按工作原理可分为容积式压缩机、往复式压缩机、离心式压缩机等。容积式压缩机的工作原理是压缩气体的体积，使单位体积内气体分子的密度增加以提高压缩空气的压力；离心式压缩机的工作原理是提高气体分子的运动速度，使气体分子具有的动能转化为气体的压力能，从而提高压缩空气的压力；往复式压缩机（也称活塞式压缩机）的工作原理是直接压缩气体，当气体达到一定压力后排出。

现在常用的空气压缩机有活塞式空气压缩机，螺杆式空气压缩机（螺杆空气压缩机又分为双螺杆空气压缩机和单螺杆空气压缩机），离心式压缩机以及滑片式空气压缩机，涡旋式空气压缩机。在燃煤电厂气力输送中以前两种为主。

（一）活塞式空压机

活塞式空压机主要由机体、气缸、活塞、曲柄-连杆机构及气阀机构（进气阀及排气阀）等组成。活塞式空气压缩机的工作原理是：当气缸内的活塞离开上死点向下移动时，活塞顶上容积增大，形成真空。在气缸内负压作用下（或在气阀机构的作用下），进气阀打开，外面的空气经进气管充满气缸。当活塞向上移动时，进气阀关闭，空气因活塞回行而压缩，直至排气阀打开。经压缩后的空气从气缸经排气管送入贮气罐。进气阀及排气阀一般由气缸内与进、排气管间所造成的空气压力差而自动开闭。国产活塞式空气压缩机可分为固定式和移动式两类。气缸有两级：第一级为低压缸，第二级为高压缸。为了增加输气量和减少功率消耗，在两级气缸之间采用风冷（风扇、散热片）或水冷却器。空气自滤清器进入第一级压缩机气缸经压缩后，排至冷却器进行冷却，然后再进入第二级压缩机气缸，经第二级压缩后，排至贮气罐。气缸的布置可分为立式、V 形或 W 形。压缩机由电动机或柴油机带动。

活塞式空气压缩机结构比较简单，操作容易；压力变化时，风量变化不大。但由于排气量较小，且有脉动流出现，所以一般根据系统的风量要求设一个或几个贮气罐。空气压缩机机组本身尺寸较大，加上贮气罐，安装占地面积较大。此外，要注意压缩空气由于绝热膨胀而出现冷凝水，因此，应采取适当的除水滤油措施。

（二）螺杆式空压机

1. 工作原理

如图 3-20 所示，螺杆式空压机是由两个方向相反的螺杆作为主、副转子。通常，主转子靠电动机通过齿轮联轴器及增速器驱动。副转子靠从动齿轮作相反方向旋转。转子旋转时，空气先进入啮合部分，靠转子沟与外壳之间形成的空间进行压缩，提高压力后从排气口排出，吸气侧则不断将空气吸入。

转子与外壳之间要保持一定的间隙，靠轴承支撑。两个转子靠定时齿轮调整，使它在旋转时，既保持一定间隙，又不相互接触。轴封部分装有碳精制的迷宫式密封，以防止漏气。轴承除滑动轴承外，还装有止推轴承，以保持与外壳之间一定的外间隙。轴封部分与轴承之间装有挡油填料，防止润滑油吸入外壳内。

螺杆式空压机也分单级和双级压缩两种，单级的压缩比可达 4，双级的可达 9。螺杆式空压机产气量在 $700 \sim 13500 \mathrm{m}^3 / \mathrm{h}$ 之间。

2. 性能特点

螺杆式空压机具有以下特点：

（1）压缩过程是容积式的连续压缩，压缩比在很大的范围内仍能稳定运转，完全没有脉动现象和飞动现象。

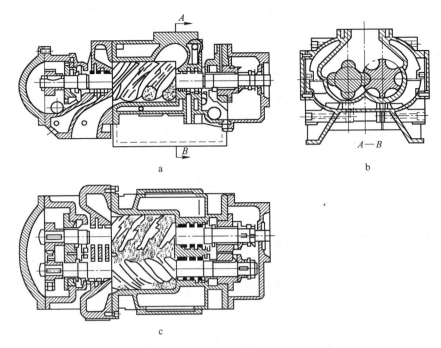

图 3-20　螺杆式空压机结构图

a—主视图；b—剖面图；c—俯视图

（2）即使工作压力有些变化，排气或吸气量变化也很小。这一特性适合于作气力输送装置的空气源。

（3）转子间及转子与外壳间留有一定的间隙，完全不接触。因此磨损问题不大，并且内部不需要润滑，所以产生的压缩空气不含油分。

（4）无往复运动部件，只作高速运动，因此运动部件的平衡好，振动小。

（5）体积小，质量轻，基础及占地面积不大。

二、罗茨风机

（一）工作原理

罗茨风机分卧式和立式两种。图 3-21 所示的是一台卧式罗茨风机，它由两个渐开腰形转子（空心或实心）2、长圆形机壳 1、两根平行传动轴 3 及进风口、排风口所组成。机壳可分为带有水冷、气冷和不设冷却装置三类。传动机构是在两轴的同端装有式样和大小完全相同的，且互相啮合的两个齿轮，使主动轴直接与电动机相连，并通过齿轮带动使从动轴作相反方向的转动。每个转子旋转一周，能排挤出两倍阴影体积的空气，因而主动轴每旋转一周就排挤出 4 倍阴影体积的空气。罗茨风机进、出口合理的布置应为：上端进风，下端排风（对卧式而言），这样可以利用高压气体抵销一部分转子与轴的重力，降低轴承压力，减少磨损。

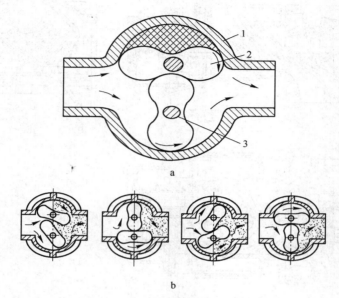

图 3-21　卧式罗茨风机工作原理

a—罗茨风机结构；b—罗茨风机工作原理

1—机壳；2—腰形转子；3—传动轴

（二）风量及压强

罗茨风机的理论风量为：

$$q_{VT} = 4A_o Ln$$

式中，A_o 为转子在垂直位置时与机壳内壁所包围的面积（即图 3-21 中阴影部分面积），计算中近似取它等于转子运动所描绘的面积 $\pi D^2/4$ 的 1/2，$A_o = 1/3 \times \pi D^2/4 = \pi D^2/12$。因而，得到理论风量为 $q_{VT} = 4 \times (\pi D^2 nL)/12 = 1/3\pi D^2 Ln$。由于转子与转子间、转子与机壳间有缝隙存在，空气将会漏回至吸风侧，因而实际输气量小于理论风量，即：

$$q_V = \eta_V q_{VT} = \frac{\pi}{3} D^3 nL\eta_V$$

式中　D——腰形转子直径，即转子两顶点间距离，m；

　　　L——腰形转子的长度，m；

　　　n——转子转速，r/min；

　　　η_V——容积效率，一般 $\eta_V = 0.75 \sim 0.85$。

从理论分析可知，只要电动机能带动，鼓风机就可在任何压强下工作。但是，如出风口与进风口压强相差过大，就会有大量空气经间隙漏回至进口，导致鼓风机效率降低；同时，转速过高，也可能引起机器振动而缩短寿命。故出风口压强不宜过高。国产罗茨鼓风机的静压在 19620 ~ 207910Pa，风量在 0.25 ~ 250m³/min（在标准状态下），一般转速有 580r/min、730r/min、960r/min 及 1450r/min 等。

（三）性能特点

罗茨风机的优点：

（1）正常情况下，压力的变化对风量影响很小，风量主要与风机的转速成正比。因此，罗茨风机基本属于定容式。

（2）吸气和排气时无脉动，不需要缓冲气罐。

（3）占地面积小，便于布置和安装。

（4）因转子与转子之间、转子与壳体之间保留有 0.2~0.5mm 的间隙，不存在摩擦现象，允许气流含有一定粉尘。

（5）与水力喷射泵及水环式真空泵相比，不存在"排气带水"问题。

（6）运行可靠，维护方便，耐用。

罗茨风机的缺陷：

（1）噪声大，进、出口需装设消音器。

（2）在高真空工况下，叶片间隙漏风加剧，使输送空气量下降，易造成堵管。

三、水环式真空泵

（一）工作原理

负压气力输送系统借助于真空泵在管路中保持一定的真空度。常用的动力源是水环式真空泵。水环式真空泵实际上也是一种回转式压缩机，它抽取容器中的气体，将其加压到大气压以上，从而能够克服排气阻力，将气体排入大气，在容器中造成负压。

水环式真空泵的结构原理如图 3-22 所示。泵体内注水至抽线处，当叶轮 1 旋转时，在离心力的作用下，水被甩向泵体 2 的内壁，而产生水环 5。在叶轮与水环间形成月牙形的空间，该月牙空间被叶片分成若干个独立的气室，水环内表面在上部与轮骨相切，水环从这一点起沿顺时针方向逐渐离开泵壳，使气室容积增大，造成真空，使外部气体顺侧盖上的吸气孔 3 吸入此真空气室内。随着叶轮的旋转，水又重新逼近轮壳，气室内的气体逐渐受到压缩，最后达到一定的压强后，经侧盖上的排气孔 4，再经接头 6 沿排气管 8 进入水箱 9，再由排气管 12 放出。废弃的水也和空气一起被排到水箱里。当真空泵工作的时候，泵中必须有水不断流过，使水环保持一定的体积，并带走热量（真空泵的发热，不应超过 50℃），故用注水管 11 或由水箱 9 把水送入吸水管。叶轮每旋转一周进行一次吸气和排气，水在泵内起着活塞作用。它从叶轮中获得能量，又将能量传给气体，叶轮是实现能量转换的部件。

图 3-22　水环式真空泵原理示意图
1—叶轮；2—泵缸；3—吸气孔；4—排气孔；5—水环；
6—管接头；7—吸气管；8, 12—排气管；9—水箱；
10—溢流管接头；11—注水管

（二）性能特点

水环式真空泵的优点：

（1）结构简单，没有阀门和其他配气构件；

（2）摩擦小，可在一定含灰气流条件下工作；

（3）不产生噪声；

（4）吸、排气均匀，运转平稳；

（5）负压高，适用于高灰气、高真空的气力除灰系统。

水环式真空泵的缺陷：

（1）当灰中碱性氧化物（如 CaO）含量高时，泵壳、叶轮易结垢（碳酸盐），需定期清洗；

（2）当烟气中 SO_2 含量高时，泵壳、叶轮易腐蚀，故不适用于高硫煤；

（3）建立水环功耗大，因而效率低；

（4）需有相应的补充水和排水系统；

（5）进气温度过高时，泵内的水汽化破坏真空度，因此对高温气体须配置复喷降温器。

四、空气干燥装置

通常大气中总会含有一定量的气态水，水的含量与季节、地理位置以及气候条件有关。当外界空气进入空压机并被压缩时，这些气态水将凝结为液态水。压缩空气中的水分对气力除灰系统的运行产生以下影响：

（1）使压缩空气管路、阀件等产生锈蚀；

（2）使被输送的粉煤灰黏结，增加输送阻力，降低流速，甚至堵塞管道；

（3）对于气动操作和控制系统，压缩空气中的水分会由于高速气流降压时发生冰堵，而使气流中断。

压缩空气中的水分同时也是最不容易解决的难题。因为水分很难用传统的方法，如过滤器或分离器加以消除。因为任何精密的过滤器都无法将气态的水蒸气滤出，而这些水蒸气在通过过滤器后，由于其温度在管路中持续下降，使凝结水不断生成。因此，除去压缩空气中的水分是确保气力除灰系统稳定运行的重要环节。

（一）压缩空气的干燥方法

压缩空气的干燥方法有以下几种。

1. 冷冻法

利用类似空调机的原理，通过制冷系统使压缩空气中的水蒸气冷凝成液态水，并使之通过自动排水器排出，达到除水的目的。这种利用冷冻法净化压缩空气的设备称为冷冻式压缩空气干燥机（以下简称冷干机）。

冷干机设计的最低压力露点为 1.7℃（0.7MPa 时）。设定此温度既考虑了避免温降的惰性可能使压力露点达到冰点而引起冰堵，又使冷干机具有最大的干燥能力（压力露点尽可能低）。此压力露点相当于大气露点23℃，即每立方米饱和空气仅含有 0.836g 的水分，已能满足大部分压缩空气用户的要求。

冷干机在除水的同时，还可使一部分油雾凝结，并使一部分尘粒与水蒸气和油雾凝并后一同排出，其除油效率约为 70%，除尘效率约为 75%。

2. 吸附法

吸附法是利用硅胶、活性氧化铝或分子筛等干燥剂能够吸附水分的特点达到除去压缩空气中水分的目的。基于吸附法原理的压缩空气干燥装置有：

（1）有热再生式压缩空气干燥机。通常采用两个吸附剂储罐，工作时一个储罐对压缩空气进行干燥，另一个对罐内的吸附剂进行加热脱水再生。经有热再生式压缩空气干燥机处理后的压缩空气，其大气露点约为-40℃。加热方式有电加热或蒸汽加热，加热温度一般为 200~300℃。当吸附剂升温后，导入占总量不到 10% 的再生空气带走吸附剂中的水分，使干燥剂中的平衡含水率下降。当干燥罐内的吸附剂失去干燥作用，而再生罐内吸附剂脱水再生完毕时，两罐通过气路阀门切换，使原干燥罐转入再生状态，原吸附罐进入干燥状态。由于对再生罐进行加热后还需冷却，故通常要 6~12h 切换一次，这就使有热再生式干燥机罐体较大，需装较多的干燥剂，因而目前很少采用。

（2）无热再生式压缩空气干燥机。该干燥机的结构原理类似于有热再生式，不同的是吸附剂的再生不再加热，而是直接用占总量 12%~30% 的压缩空气作为再生空气将再生吸附剂中的水分带走排出。因而其罐体较小，但两罐切换频繁，通常 30~600s 切换一次，故对切换阀的可靠性要求较高。此外，因其切换频繁，吸附剂易粉化，因此在无热再生式干燥机后需设过滤器。无热再生式干燥机处理后的压缩空气的大气露点也是-40℃。

目前英国 DOMNICK HUNTER 公司生产了一种新型的无热再生式干燥机，其主体结构为内置双腔的扁平型钢，双腔即为干燥腔和再生腔，每段型钢立置为一单元，可视用户气量积木式组合，上置封盖和连接管，下置切换阀和控制装置、仪表等，结构紧凑，可靠性好，其大气露点可达-70℃，但价格昂贵。

（3）潮解式压缩空气干燥机。该干燥机为单罐结构。罐内充填一种称为DRY-Q-LITE 的特殊圆柱状干燥剂。当压缩空气通过干燥剂时，水汽就会被干燥剂吸收，并慢慢向下沉淀形成液滴排入下部储液槽，再由自动排水器排出。此干燥剂是不易起化学变化的无机物，吸湿能力大，无毒、不燃，其圆柱体经100MPa 高压压成，不易破碎，不被压缩空气带走，吸湿溶解损耗较少，一年只需从上部加入 1~2 次，无须更换下部残留干燥剂，不耗电、耗气、耗水，不需加热，且无零件消耗，免维修，因此设备成本和运行成本均低于其他形式的干燥装置。同时此干燥剂也不对压缩空气和排水构成污染。

潮解式压缩空气干燥机可用于 21MPa 的高压场合，但不宜用于 38℃ 以上的高温场合。其排气的大气露点为-40℃。

（4）无热微风量再生式压缩空气干燥机。该机是在无热再生式干燥机的基础上再前置一台冷干机，因而同时具有冷冻式和吸附式的优点。由于前置了冷干机，无热再生机的除水工作负荷大为减小，从而可使再生气体的耗量大大减少，仅为总气量的 1.5%~3%；大气露点可达-40℃或-70℃；可允许较高的入口压缩空气温度，标准型为 45℃，高温型为 80℃；可延长干燥剂寿命两倍，延长后置精密过滤器寿命 3 倍（因前置冷干机已除去大部分水分和油雾杂质），其出口压缩空气含油量可达 1×10^{-7}% 以下。但该机价格较高。

（二）压缩空气干燥方法选用

（1）压缩空气的干燥方法一般适用于压力大于 0.2MPa 的压缩空气。这除了压力损失方面的考虑（特别是再生式和潮解式）外，主要原因是压力低后，露点提高，干燥效果降低。因此在 0.6~0.8MPa 压力范围内干燥效果较好，而在0.2~0.5MPa 压力范围内，干燥效果有所下降，需采用较大空气处理量的干燥机来弥补，但这样又影响经济性。

（2）冷干机具有体积小、质量轻、空气阻力小、运行费用低、维护少、可免安装基础、外形美观、投资小、适应面广等诸多优点，在国外是采用最多的压缩空气干燥方式。特别是当空压机排气中含水、油和杂质较多时，冷干机可同时对这三种杂物进行去除。而再生式或潮解式压缩空气干燥机，其吸附剂易被较多的水、油、杂质污染而较快失效，需频繁更换，增加了运行成本和维护工作量。一般只有在对干燥程序有较高要求时，才采用再生式或潮解式干燥机，而这时通常要在再生式或潮解式干燥机前加一级冷干机作为预处理机。

（3）再生式压缩空气干燥机由于自身要消耗部分压缩空气作为再生用气（用后排入大气），因此在确定空压机的容量时，除考虑满足系统输送需要量外，尚需增加 15%~30% 的再生空气量。当其空气切换阀（用于干燥、再生状态的切换）质量较好时，取小值，反之，取大值。对于无热微风量再生式压缩空气干燥机只需增加总气量约 3% 的压缩空气作再生气源。

（4）对于不同厂家生产的具有相同空气处理量的冷干机，一般宜选用功率较大者。这样的冷干机制冷能力强，干燥效果好，且开机后能较快进入正常干燥状态。

冷干机应配有露点温度表，试机时，压力露点应接近 17℃（压力为 0.7MPa 时，此露点温度为极限压力露点温度）。

目前国内已有厂家生产的冷干机配有电脑控制，并在冷干机面板上装有可显示冷干机干燥系统图、系统工作状态和露点温度等参数的模拟板，且可像 PC 机一样进行参数设定、选择、变更或显示等操作。这为冷干机的监示、操作、维护提供了极大的方便，也使质量有了较大的提高。

（5）空压机在压缩做功时，所消耗的能量会使压缩空气的温度有较大的提高，虽经后冷却器处理，但其排出的压缩空气温度尚比环境温度高 15℃ 左右。而压缩空气干燥机对入口空气温度有严格要求，否则会影响干燥能力或使吸附剂降低效率。因此压缩空气干燥机的允许入口压缩空气温度越高，其性能越好。

（6）对再生式干燥机，通常采用的吸附剂有硅胶、活性氧化铝、分子筛等，其中以分子筛最好，活性氧化铝次之。

第四节　输灰管道及布置方式

输送管道是气力除灰系统的基本组件，也是影响除灰系统正常运行的重要环节。许多除灰系统故障都与管线设计和管件配置有关。不合理的管线设计会增大输送阻力，引发堵管；而不合理的管件配置不仅会增大输送阻力，而且还是造成管道（件）磨损的重要原因。管道的堵灰和磨损是气力除灰系统运行中的两大突出问题。

一、除灰管道的配管技术

气力除灰系统的运行性能随着除灰管道设计布置的不同而有很大变化。除灰管道的布置应注意以下问题：

（1）尽量减少弯头数量。灰气混合物在弯头处发生转向，产生局部阻力损失，消耗气源能量。灰粒因与弯管内壁外侧发生碰撞而突然减速，通过弯头后又被气流加速，如果在短距离内设置弯头过多，就会使在第一个弯头中减速的灰料还未充分加速又进入下一个弯头，这样，不仅造成输送速度间断并逐渐地减小，使两相流附加压力损失增大，而且还会造成气流脉动。当输送气流速度不足时，会使颗粒群的悬浮速度降低到临界值以下，从而引起管道堵塞。这也是为什么灰管堵塞往往从弯头开始的原因。因此，在配管设计中，尽量减少弯头数量，多采用直管。

（2）采用大曲率半径的煨弯管。任何一个气力除灰系统，弯管的采用都是不可避免的。这时要求尽量采用大曲率半径的煨弯管。对于相同弯曲角度的弯管，煨弯管的压力损失明显小于成型直弯管件和虾腰管。弯管的压力损失不仅取决于弯曲角度，而且与曲率半径有关。曲率半径越大，压损越小。因此，弯管的曲率半径应根据实际情况尽可能大一些，避免拐"死弯"。

（3）水平管与垂直管合理配置。燃煤电厂气力除灰系统的输送管道总是存在一定的高差。也许有人认为，若以倾斜直管相连接，可使输送管道长度达到最短，这样不仅可以降低输送阻力，而且减小工程投资。但实际情况并非如此。

根据气固两相流悬浮输送理论及其相关试验可知，灰管内灰气混合物的流动状态是决定其输送阻力和输送效果的先决条件。气流在管内的流动越紊乱，则沿灰管断面的浓度分布越均匀，因而就越不容易堵塞。在长直倾斜管道中，气流的流动相对平稳，灰粒受到的垂直向上的扰动力较小，当这种扰动力不足以克服颗粒重力作用时，就会逐步产生颗粒沉降，出现灰在管底停滞，即形成空气只在管子上部流动的"管底流"，或者出现停滞的灰在管底忽上忽下的滚动流动，最终造成管道堵塞。如果采用长直水平管加垂直管的配管方式，则有可能造成灰尚未到达垂直管时就已因颗粒沉降而发生堵管现象。因此，长水平灰管所需要的气流速度远远比短输料管大。

当输送管道中合理布置垂直管道时，上述不利情况将会得到有效改善。因为垂直管可以使行将沉降的颗粒群受到扰动，而且这种扰动力与重力的方向恰恰相反，其悬浮输送的作用是直接的、高效的。因此，有时采用水平管与垂直管组合配置反而比单一倾斜管更有利。当然，有些情况下可能采用倾斜管与垂直管的组合方式更合理。

（4）合理配置变径管。变径管俗称"大小头"，是长距离气力输送管道常用的一种管件。灰气混合物经过一段距离输送后，会因压力损失而消耗一定输送能量，这部分压损消耗的主要是气体的静压头。由于损失的能量是以废热的能量形式传递到介质中的，因此这一能量转换过程是个不可逆过程。对于等直径管道，管道延伸越长，压损越大，气流的压力就越低；而气流压力的降低，必然导致气体密度减小，气体膨胀，流速提高。密度的减小，将使气流携带能力下降，容易造成堵管；而气体流速的提高，又将提高灰粒对管壁的磨损。增设变径管使输送管径增大，可以使气流的静压提高，流速降低，从而能够有效地避免上述情况的发生。

如同任何一种管件一样，变径管也存在一定局部压损。因此，燃煤电厂气力除灰系统设计中变径管的选型设计通常遵循下述原则：

1）变径管的扩张角（扩张段母线夹角）不应大于15°；

2）变径后除灰管道的初始流速不宜低于所送物料的最低悬浮速度。

此外，管道布置不应妨碍其他设备和线路。在尽可能不影响输送性能的前提下，应尽量减少穿越厂房或与其他大型设备空间交叉的次数。不仅要方便管路自身的维护检修，也应充分考虑到其他设备和管道的维护检修。在厂房内要减少横跨空间的管段，尽量沿墙壁和其他管道布置；在室外，尤其在跨越道路地段，通常采取距离地面5m以上的架空配管，避免影响交通。

二、除灰管道的防磨技术

（一）灰管磨蚀机理

在输送粉粒状物料时，一般是越接近输料管底部，物料分布越密。因此，在水平直管或倾斜管中输送磨削性强的物料时，首先是在管底磨损。但是，输料管中粒子的分布是随物料的物性、输送气流速度、输送浓度、管径及配管等情况而变化的。有时物料是在管底停滞，只在上部进行输送。经验证明，此时管子上部的磨损比管底还严重。

对弯头来说，物料由于惯性而撞到外壁，一部分粒子又从壁面反射回来，另一部分粒子在壁面擦动，因此，在圆断面弯头的外壁中部，会产生像用凿子凿出的凹坑。即使改变弯头的曲率半径和输送气流速度，这种现象也大致相同。对方形断面的弯头，由于物料是分散撞到壁面的，所以可以延长其使用寿命。

输料管的磨损是一个非常复杂的现象，实际情况难以从理论上作出定量的分析。关于磨损机理的假设，认为有以下三种形式：

（1）擦动和滚动磨损，由于粒子的摩擦引起的表面磨薄；

（2）刮痕磨损，由于粒子深入表面，产生局部的削离；

（3）撞击磨损，由于粒子的撞击，使表面的组织产生局部的破碎和脱离。

实际中这几种磨损是很难明确区分的，往往是同时并存的。并且，一种形式的磨损，也会引起其他形式的磨损。

（二）影响磨损的因素分析

影响磨损的因素一般包括：

（1）输送物料特性，包括颗粒粒径和形状、密度、硬度、水分、破碎性和黏附性等；

（2）输料管，包括输料管的材质和金属组织、硬度、表面加工情况、内径、配管方式及形状等；

（3）输送条件，包括输送速度、输送浓度、温度及流动状态等。

经验证明，这些因素对磨损的影响不是孤立的，而是综合地出现的。因此，即使对同一种物料，采用相同材料的输料管，由于输送条件不同，磨损程度也不同。

输料管表面上的磨损并不是均匀的，首先在局部发生，然后逐步发展，在表面可以画出不规则的等高线，正如在路面上产生局部的坑洼一样。磨损的部位是由材料的缺陷或粒子的摩擦和撞击而产生的伤痕。

有关资料表明，磨损在气流以 20°～30°的角度碰撞时最为严重，垂直碰撞时反而减小。因为磨损是由于粒子与壁面摩擦或碰撞产生的，所以粒子越大，速度越大，亦即摩擦或碰撞的能量越大，则磨损越严重。磨损量大致与输送气流速度的三次方成正比。弯头的磨损与弯曲角度大致成正比。输送浓度越高，摩擦或撞击的次数越多，则磨损越严重。

直管的磨损相对较轻，故较少采取防磨措施。为了延长输送管道的使用寿命，可将管子旋转 180°继续使用。弯管磨损比直管要严重得多，对于弯管仅靠增大其弯曲半径不能完全解决磨损问题，主要应根据不同的输送物料和不同输送条件采用相应的防磨、耐磨技术措施。

（三）除灰管道的防磨技术

1. 管件的防磨结构设计

活肘板的防磨弯头　图 3-23a 是一种特殊结构的防磨弯头。考虑到弯头的磨损一般发生在背部，该弯头在背部设计了可拆卸的肘板。当肘板磨穿后，不必将整个弯头更换，只需将肘部四只螺丝拆下换上新的肘板即可。这样，不仅节省了维修费用，而且省时，省力，灵活方便。

梯形衬板防磨弯头　将弯头肘部内壁铸成梯形结构，可使物料与弯头垂直撞击变划痕磨损为撞击磨损（图 3-23b），避开划损最为严重的 20°～30°的碰撞角，从而可以延长弯头的使用寿命。此结构的弊端是增大了弯头的局部压损。

矩形截面防磨弯头　矩形结构的弯头可使物料分散撞击肘板表面，并在管壁外侧衬有耐磨材料制成的衬板，且采用可更换结构，如图 3-23c 所示。该结构弯头使用寿命较长，而且制造、更换方便。

2. 耐磨管材

工作压力、工作温度和耐磨蚀性是选择气力除灰管道材料的主要依据。耐磨管材可以分为两大类：一类是普通碳钢管，例如 Q235-A.F 螺旋焊接钢管、20 号无缝钢管；另一类是耐磨管道，包括陶瓷管、低合金钢管、合金铸铁管、各种复合管、衬胶管、聚酯材料管道、铸石管道等。由于飞灰磨蚀性强，介质流速也较

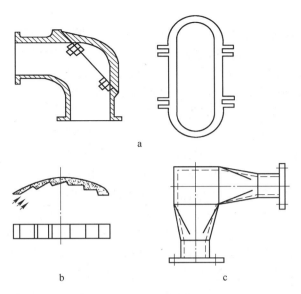

图 3-23 防磨弯头结构设计

a—活肘板防磨弯头；b—梯形衬板防磨弯头；c—矩形截面防磨弯头

高，所以管道磨损是影响气力除灰系统安全运行的主要问题。对于一些管道流速较高或飞灰颗粒硬度较高、磨蚀性较强的系统，普通碳钢管道难以满足要求。过去一些电厂曾用普通碳钢管道（Q235－A.F 螺旋焊接钢管或 20 号无缝钢管）作为除灰管道，由于磨损严重，更换频繁，致使运行成本提高，检修工作量增大，直接影响了机组安全运行。

解决灰管磨损最有效的途径是因地制宜合理选择耐磨管材。以下介绍几种近年来燃煤电厂采用较多的耐磨管材。

（1）钢铁陶瓷复合管。钢铁陶瓷复合管是采用自蔓燃高温合成-离心法制造的。它是把无缝钢管放在离心机的管模内，在钢管内布入铁红和铝粉混合物，这种混合物在化学中称为铝热剂。当离心机旋转达到一定速度后，经点燃，铝热剂立即燃烧，产生的熔融物迅速蔓延到整个内管壁，形成致密的陶瓷层，其化学反应为：

$$2Al+Fe_2O_3 \Longrightarrow Al_2O_3+2Fe+826kJ$$

$$3Fe_3O_4+8Al \Longrightarrow 4Al_2O_3+9Fe+3256kJ$$

铝热剂反应后的主要生成物为 $\alpha\text{-}Al_2O_3$（即刚玉）和铁，同时放出大量的热量。这些热量如在绝热条件下，绝热温度可达到 3509～3753K，反应后生成的 Al_2O_3 和 Fe 烙体完全处于熔融状态。Al_2O_3 和 Fe 烙体由于密度不同（铁的密度为 7.8g/cm³，Al_2O_3 的密度为 3.9 g/cm³），所以在离心力的作用下，铁被离心力甩到钢管内壁，Al_2O_3 则分布在铁的表面。由于钢管迅速吸热和传热，Al_2O_3 和 Fe

迅速达到凝固点，很快分层凝固。由于高温熔融的铁液和 Al_2O_3 液与钢管内壁接触，使钢管内壁处于熔融状态，这样使铁层与钢管形成牢固的冶金结合，最后形成的陶瓷复合钢管从内到外分别为刚玉瓷层、以铁为主的过渡层、钢管层。其结合压剪强度（即在轴向把陶瓷层压出时的强度）大于 15MPa，陶瓷钢管复合压溃强度（即从管外把管内陶瓷压碎时的强度）不小于 350MPa。

采用自蔓燃技术产生的陶瓷复合管兼有钢管的耐冲击及强度高、韧性好、焊接性能好和刚玉陶瓷的高硬度、高耐磨、耐蚀、耐热性好的双重特点，因此具有良好的耐磨、耐热、耐蚀、可焊性及抗机械冲击与热冲击等综合性能。经国家材料检测中心测定：其陶瓷层硬度 HV1100~1400，相当于 HRC90 以上，莫氏硬度约为 9，仅次于金刚石。耐磨性能相当于钨钴硬质合金，比淬火钢高 10 倍以上。耐蚀性能为 $0.05~0.1g/(m^2 \cdot h)$，比不锈钢高 10 倍。耐酸度为 96%~98%，同高刚玉瓷耐酸度相同。压溃强度为 300~350MPa。层间抗剪切强度为 15~20MPa，抗机械冲击及热冲击性优良，能够承受运输及安装过程中的正常碰撞。

钢铁陶瓷复合管抗磨损主要是靠内层几毫米厚的刚玉层，因此质量比同管径的铸石管轻 50%~60%，比稀土耐磨钢、合金铸铁管轻 20%~30%。由于钢铁陶瓷复合管有着良好的耐热性能，在施工中既可用法兰连接，也可采用直接。陶瓷钢管具有良好的抗机械冲击性能，在运输、安装、敲打以及两支架间自重弯曲变形时，刚玉层均不破裂脱落。

（2）低铬-锰铸铁管。低铬-锰铸铁管根据成分含量的不同有许多种规格，其耐久性比一般的碳钢管要好得多。低铬-锰铸铁管的直管用离心铸造制作。管道连接采用耐震接头或用不锈钢焊条焊接的法兰。肖氏硬度为 HS65 左右的铸管，适合用作火力发电厂的除灰管道。直管能耐用数年至十几年，万一磨损时，可用不锈钢焊条堆焊修理。

（3）高铬合金管。高铬合金管包括高铬合金铸钢管、高铬合金铸铁管以及高铬合金铸铁复合管（白口铸铁复合管又称双金属复合管）。

高铬合金铸铁复合管由内外两种不同材料的金属管构成。外管为无缝钢管或由钢板制成，用以保证承压、结构强度及管道连接。衬管的材料为不同牌号的抗磨白口铸铁，用以抵抗不同输送条件下的物料磨损。

该复合管采用如下生产工艺：首先根据不同牌号要求，按化学成分配比熔化制取合格的熔体。直管采用离心工艺，先将外管加热至一定温度，按规定厚度注入相同质量的熔体，而后离心成型，再按热处理规范进行淬火、回火，以获得理想的金相组织及物理性能；弯头等异型管采用静态浇注法制造，热处理工艺与直管相同。

抗磨白口铸铁复合管按结构形式分为直管、弯管、叉管、变径管，按衬管材料分为高铬、中铬和低铬三大类。

抗磨白口铸铁复合管具有如下特性：1）在 500℃下长期使用不长大、不变形、不氧化；2）低碳钢外管可承压 6MPa；3）衬管白口铸铁硬度为 HRC50~58，又可根据工况要求获取不同金相组织，磨耗量仅为 0.005g/h；4）质量轻，单位质量仅为铸石管的 50%；5）安装方便，外管可根据实际情况采用电焊对接、法兰连接、卡箍式柔性接头连接等多种灵活连接方式。

（4）复合铸石管。铸石是由多种精选天然岩石，经配料、熔融、浇注、热处理等工序制成的一种晶体排列规则、质地坚硬、细腻的非金属工业材料，其硬度仅次于金刚石和刚玉。

铸石材料具有非常高的硬度和良好的耐磨性。其耐磨性约为铸铁的 200 倍，是低铬-锰铸铁的 10 倍。同时铸石材料的防腐性能也是普通金属材料所不可比拟的。利用铸石材料制成的铸石复合管已被广泛应用，下面简单介绍三种利用不同工艺制成的铸石复合管。

1）夹套铸石管。夹套铸石管由内、外金属套管通过法兰或环板连接而成。内、外套管之间留有 30~50mm 的间隙，即铸石层厚度。外套管上设浇口 1 个，冒口 2 个。铸石岩浆采用静力浇注的方法灌入经预热的夹套管空腔内，再经结晶、退火时效处理，封闭浇冒口，涂防锈漆后即可供用户采用。铸石弯管由若干直管段连接而成，既可用法兰或快装接头连接，也可对焊连接。铸石复合管的优点是管道整体性能好，承压强度高，安装施工方便。缺点是不能承受较大冲击力，在安装和运输中应注意轻装、轻卸。

2）离心复合铸石管。离心复合铸石管是由外套钢管、特种水泥砂浆层和离心铸石管组成的。铸石管位于复合管的最内层，由铸石岩浆采用离心浇注工艺成型。铸石管内加有金属网，故提高了复合铸石管材的整体性能和承压强度，可用于较高工作压力的物料输送管道。

3）预应力复合铸石管。预应力复合铸石管是采用钢管预热、高温合成岩浆、离心浇注工艺制造而成的，由外套钢管和离心铸石管组成。它与夹套复合管和离心复合管的区别是：在结构上没有水泥砂浆填充层、内套管和浇冒口，因此既节省了钢材，又减轻了重量，而且提高了产品的美观度；在工艺技术上，采用了钢管预热工艺，由于钢管和铸石岩浆在线膨胀系数上存在较大差异，冷却后的钢管对铸石层产生较大的预紧力。由于预应力复合管的铸石层与钢管及钢管内腔的金属网或钢筋直接结合在一起，从而提高了管子的耐冲击强度。在运输、安装以及在两支座之间自重弯曲变形时，铸石层也不会破裂脱落。

各种耐磨管材的使用效果不仅取决于管材本身的性能，而且与输送条件有关。虽然耐磨材料有许多优点，但其价格一般比普通钢管要高得多，所以应通过技术经济比较合理选用。《火力发电厂除灰设计技术规程》（DLT 5142—2002）中规定"气力除灰管道的直管段材质选择与除灰系统的方式有关，宜选用普通钢管；若输送磨损性强的灰渣需要采用耐磨管材时，应通过技术经济比较后确定。气力除灰系统的管件和弯管应采用耐磨材质"。

表 3-10 列出了包括高铬合金管在内的几种耐磨管材的性能及特点。

表 3-10　常用耐磨管材的性能及特点

管道品种	高铬合金铸钢管	陶瓷复合钢管	高铬合金铸铁复合管	高铬合金铸铁管	铸石夹套管
材料	ZG40CrNiMoMnSiRe	外管：无缝钢管 内衬：陶瓷	外管：无缝钢管 内衬：白口合金铸铁	高铬铸铁	外管：焊接钢管Q235-A.F 内衬：铸石·δ=35mm 内管：焊接钢管Q235-A.F
生产工艺	直管离心铸造，弯管砂型铸造	采用自蔓燃高温合成-离心法铸造	离心法铸造或消失模真空吸铸	直管离心铸造，弯管砂型铸造	浇铸法
适应温度范围/℃	<300	−50~600	<550	<500	<350
适应工作压力/MPa	<2	<4	≤6	<2	<2.5
单位长度质量（DN250mm）/kg·m^{-1}	ϕ284mm×16mm：120	ϕ273mm×15mm（含衬陶瓷4mm）：88.4	ϕ273mm×16.5mm（含衬合金铸钢6.5mm）：106	ϕ284mm×16mm：120	ϕ296mm×48mm：142
硬度	HRC>50	HV1100~1400	HRC≥55	HRC≥55	
绝对粗糙度/mm		0.195			
抗弯强度/MPa			610	≥520	63.77
冲击韧性/J·cm^{-2}	>12		>12	≥3	>1568×10^6
抗拉强度/MPa	700~1000		415~500	≥250	>58860
连接方式	焊接或法兰或管接头	焊接或法兰或管接头	焊接或法兰或管接头	法兰或管接头	焊接或法兰

综上所述，选择普通碳钢管还是耐磨管，以及选用何种类型的耐磨管，应首先考虑飞灰的化学成分、管道介质流速、灰气比、安装布置要求等因素，结合现场实际情况经技术经济比较后选取。通常认为，输灰管至少应连续运行6000h不被磨穿。

不同类型的气力除灰系统输灰管材的选型有较大的区别。例如，负压气力除灰系统由于管道流速较高，输送距离较短，通常直管、弯管全部采用耐磨管材；进口低正压气力除灰系统一般所配机组容量较大，系统出力较大，又不设备用系统，管道安全可靠性要求较高，目前均采用耐磨管道；国产低正压和国产仓泵系统在电厂设计中，一般均考虑了备用系统或备用手段，但由于该系统终端流速较高，磨损严重，建议弯管、三通、大小头和系统后半部分（高流速区域）水平管和竖直管采用耐磨管材，其他部分采用普通碳钢管；正压浓相气力输送系统，由于管道流速低，初始流速一般为4~6m/s，终端流速为12~20m/s，一般仅弯管和异形管件采用耐磨管材，其他部分采用普通碳钢管；其他系统，如飞灰复燃再循环系统、流化床锅炉石灰石输送系统、炉底渣负压、正压气力输送系统等，可根据是否设计有备用系统等具体情况全部或部分采用耐磨管材。

第四章 气力输灰系统与运行

第一节 气力除灰系统的特点和基本类型

气力输灰是一种以空气为载体，借助某种压力（正压或负压）设备在管道中输送粉煤灰的方式。

一、气力除灰技术特点

气力除灰方式与传统的水力除灰及其他除灰方式相比，具有如下优点：（1）节省大量的冲灰水；（2）在输送过程中，灰不与水接触，故灰的固有活性及其他物化特性不受影响，有利于粉煤灰的综合利用；（3）减少灰场占地；（4）避免灰场对地下水及周围大气环境的污染；（5）不存在灰管结垢及腐蚀问题；（6）系统自动化程度较高，所需的运行人员较少；（7）设备简单，占地面积小，便于布置；（8）输送路线选取方便，布置上比较灵活；（9）便于长距离集中、定点输送。

气力除灰方式存在以下不足：（1）与机械输灰方式比较，动力消耗较大，管道磨损也较严重；（2）输送距离和输送出力受一定限制；（3）对于正压系统，若运行维护不当，容易对周围环境造成污染；（4）对运行人员的技术素质要求较高；（5）对粉煤灰的粒度和湿度有一定的限制，粗大和潮湿的灰不宜输送。

二、气力除灰系统的基本类型

依据输送压力的不同，气力除灰方式可分为正压系统和负压系统两大类型。《除灰设计技术规程》就是按照这种原则进行分类的，其中正压气力除灰系统包括大仓泵正压输送系统、气锁阀正压气力除灰系统、小仓泵正压气力除灰系统、双套管紊流正压气力除灰系统、脉冲气刀式栓塞流正压气力除灰系统等。

依据粉体在管道中的流动状态，气力除灰方式分为悬浮流（均匀流、管底流、疏密流）输送、集团流（或停滞流）输送、部分流输送和栓塞流输送等。例如，传统的大仓泵正压气力除灰系统属于悬浮流输送，小仓泵正压气力除灰系统和双套管紊流正压气力除灰系统界于集团流和部分流之间，脉冲气刀式气力输送属于栓塞流输送，等等。

依据输送压力种类,气力除灰方式可分为动压输送和静压输送两大类别。悬浮流输送属于动压输送,气流使物料在输送管内保持悬浮状态,颗粒依靠气流动压向前运动。典型的栓塞流输送属于静压输送,粉料在输送管内保持高密度聚集状态,且被所谓的"气刀"切割成一段段料栓,料栓在其前后气流静压差的推动下向前运行,如,脉冲气刀式、内重管(或外重管式)栓塞流气力输送技术。小仓泵正压气力除灰系统和双套管紊流正压气力除灰系统既借助动压输送,又有静压输送。

气力除灰系统的基本类型及其特点如表 4-1 所示。

表 4-1　气力除灰系统的基本类型及特点

系统类型	主要设备	压力/kPa	系统出力/t·h⁻¹	输送长度/m	灰气比/kg·kg⁻¹	主要特点
高正压系统	大仓泵	200~800	30~100	500~2000	7~15	系统出力和输送长度较大,适合厂外输送
微正压系统	气锁阀	<200	80	200~450	25~30	输送长度较短,单灰斗配置
负压系统	受灰器(E形阀)、负压风机、真空泵等	−50	50	<200	2~10(受灰器) 20~25(E形阀)	输送长度短,单灰斗配置
小仓泵系统	小仓泵	200~400	12(1.5m³泵)	50~1500	30~60	输送长度较长,单灰斗配置

气力除灰系统一般有以下要求:

(1)气力除灰系统的选择应根据输送距离、灰量、灰的特性以及除尘器的形式和布置情况确定,根据工程具体情况经技术经济比较,可采用单一系统或联合系统。

(2)气力除灰系统的设计出力应根据系统排灰量、系统形式、运行方式确定。对采用连续运行方式的系统,应有不小于该系统燃用设计煤种时的排灰量50%的裕度,同时应满足燃用校核煤种时的输送要求并留有20%的裕度;对采用间断运行方式的系统,应有不小于该系统燃用设计煤种时的排灰量100%的裕度。必要时,可设置适当的紧急事故处理设施。

(3)气力除灰的灰气比应根据输送距离、弯头数量、输送设备类型以及灰的特性等因素确定。

（4）气力除灰管道的流速应按灰的粒径、密度、输送管径和除灰输送系统等因素选取匹配。

（5）压缩空气管道的流速可按 6~15m/s 选取。

（6）设计匹配气力除灰系统时，应充分考虑当地的海拔高度和气温等自然条件的影响。

（7）压缩空气作输送空气时，宜设置空气净化系统。

以下将按正压系统、负压系统、微正压系统分节介绍。

第二节　正压气力除灰系统

正压气力除灰系统惯指仓泵系统。根据仓泵配置方式的不同，正压气力除灰系统分为集中供料式和直联供料式两种类型。集中供料系统是指多只灰斗共用一台仓泵，俗称大仓泵系统，本节介绍的即为此类系统；直联式供料系统是指每一只灰斗单独配置一台仓泵，这种系统因仓泵的容积较小，因而习惯上称之为小仓泵系统（见第五章）。大仓泵系统是以压缩空气作为输送介质，将干灰输送到灰库或其他指定地点。由于该系统具有输送距离远，输送量大，系统所需供料设备数量少等特点，成为国内燃煤电厂应用最早、最广泛的一种气力除灰方式。

一、系统流程

同任何其他气力除灰系统一样，正压气力除灰系统是由供料系统、气源设备和集料系统三大基本功能组件以及管道、控制系统等构成。不同类型的气力除灰系统采用的功能设备的类型、性能以及布置形式是不同的。正压气力除灰系统的核心供料设备是仓式气力输送泵，电动锁气器（又称星型卸料器或回转式给料器）是与之相配套的前置供料器；气源设备采用最多的是空压机组、罗茨风机或其他高压风机；集料设备是种结构较为简单的小型布袋收尘器，通常安装在灰库库顶之上，也可以根据需要直接安装于用灰现场。

集中供料系统须在若干并联灰斗下安装一台干灰集中设备，其作用是将每个灰斗的干灰按照控制程序依次输入至仓泵内，再向外输送。

图 4-1 给出了正压气力除灰系统的工艺流程：干灰从电除尘器灰斗流出，经闸板阀、电动锁气器进入干灰集中设备，干灰集中设备将来自若干不同灰斗的干灰集中馈给一台仓泵。在仓泵内干灰与压缩空气混合，将灰稀疏为悬浮状态，并经除灰管道直接打入灰库。大部分干灰落入库底，少量细灰随乏气进入安装于库顶的小布袋收尘器，细灰被收集下来重新落入灰库，清洁空气直接排入大气。

正压气力除灰系统的供料设备除仓泵外，还应包括其前置给料设备 —— 电

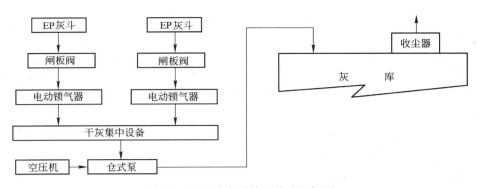

图 4-1　正压除灰系统工艺流程框图

动锁气器和干灰集中设备。电动锁气器的主要作用一是连续定量给料，二是隔绝上下空气。干灰集中设备将多只灰斗的灰汇集一起，达到多灰斗共用一台仓泵的目的。燃煤电厂常用的干灰集中设备有空气斜槽、螺旋输送机和埋刮板机等。

燃煤电厂电除尘器灰斗数量依实际工程情况不尽相同。当电除尘器灰斗数量较多时，采用集中供料系统可以减少仓泵数量，使整个除灰系统大大简化，减少了除灰管道数量，降低了除灰系统投资。

二、系统布置

图 4-2 是一套典型的燃煤电厂粉煤灰正压气力除灰系统。该套系统为单炉双电除尘器配置，每台电除尘器为双室三电场结构。该系统共有两条除灰管路，采用粗、细灰分输、分储方式。一电场干灰为粗灰，二、三电场为细灰。两台电除尘器的一电场 8 只灰斗共用一条除灰母管，二、三电场的 16 只灰斗共用另一条除灰母管。系统共配有两座储灰库，其中一座用于存储一电场的粗灰，另一座用于存储二、三电场的细灰。

以一电场粗灰为例：干灰分别从 1 号、2 号两台 EP 的灰斗下来。1 号电除尘器 4 只灰斗的干灰分别经闸板阀、电动锁气器进入一条空气斜槽，2 号电除尘器 4 只灰斗的干灰分别经各自的闸板阀、电动锁气器进入另一条空气斜槽。两条空气斜槽共用一只大仓泵，当干灰进入仓泵并与来自空压机的压缩空气混合后，形成具有较高压力的灰气流，灰气流沿除灰管道被打入粗灰库，库内乏气通过安装于库顶的小布袋除尘器，细灰被过滤下来，清洁空气被排入大气。

细灰输送管路布置与上述粗灰管路略有不同。由于电除尘器二、三电场收集的干灰量较小，总共只占干灰总量的 20%左右，因此二、三电场的细灰先分别进入各自的仓泵和相应的分支除灰管道，然后汇合于同一条母管打入细灰库。

大仓泵正压气力输送系统采用的收尘装置要比负压系统简单，一般只需要在灰库库顶设置一台压力式布袋收尘器。从气力除灰管道的气灰混合物直接进入

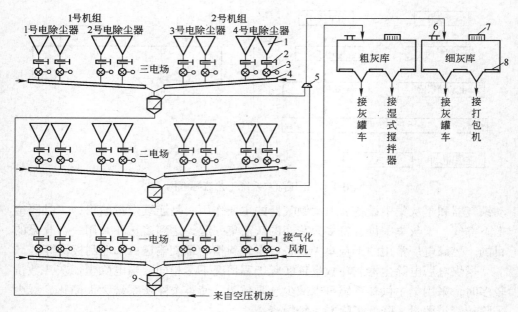

图 4-2　正压气力除灰系统布置图

1—灰斗；2—闸板阀；3—电动锁气器；4—空气斜槽；5—切换滑阀；
6—压力释放阀；7—布袋收尘器；8—库底流化装置；9—仓泵

灰库。由于突然扩容，速度急剧降低，大部分灰粒从气流分离出来并降落到灰库内，只有少部分很细的灰粒随气流进入压力式布袋收尘器，并被捕集下来。

压力式布袋收尘器的底座直接与灰库的排气口相接，利用灰库内的正压将含灰气体自行压入布袋。捕集在布袋上的粉尘，可用电动机械振打装置将其振落，或采用脉冲清灰方式，收集下来的细灰直接落入灰库。

大仓泵正压气力除灰系统的气源设备有空压机、罗茨风机及鼓风机等，燃煤电厂以空压机为多。灰库库顶安装有一只小型布袋除尘器和真空压力释放阀。真空压力释放阀的作用是维持灰库内外压力差在设计范围之内。

气力除灰系统单元的划分应根据锅炉容量的输送灰量确定：（1）容量为410t/h 以下的锅炉，宜 2~4 台炉为一单元；（2）容量为 410~1025t/h 的锅炉，宜每 2 台炉为一单元；（3）容量为 1025~2008t/h 的锅炉，宜每 1 台炉为一单元；这一原则同样适用于负压除灰系统。

大仓泵正压除灰系统对空压机的配置、选型和安装有下列特定要求：

1）输送用空压机专用专配，不应与其他气源混用。

2）每台运行仓泵应当配 1 台空气压缩机。当空压机 1 台运行时，应设 1 台备用机；2 台及以上运行时，可设 2 台备用机。

3）空气压缩机的容量（m³/min）应按系统设计出力计算容量的 110% 选取。

其出口压力不应小于系统计算阻力的 120%。

4）所选用的空压机容量（m³/min）宜为仓泵几何容积（m³）的 6~10 倍。

5）空气压缩机的冷却水参数应由制造厂提供。在未取得制造厂资料时，其进水温度应小于 33℃，水压可为 70~200kPa（约为 0.7~2kgf/cm²）。其水源宜由工业水供给。

6）空气压缩机出口贮气罐的容积应等于或大于仓泵压力回升阶段所必需的容积。

7）在系统用气点之前应设油水分离器。

8）贮气罐应设在室外。立式贮气罐与压缩机房外墙面的净距不宜小于贮气罐高度的一半，贮气罐与空气压缩机之间应装设止回阀。

9）空气压缩机宜采用单列布置。

10）机房通道的宽度应根据设备操作、拆装和运输需要确定，检修场地的面积可为 16~20m²。空气压缩机组间通道的净距不应小于表 4-2 的规定。

表 4-2　空气压缩机组间通道的净距　　（m）

名　　称		空压机排气量/m³·min⁻¹		
		<10	10~40	>40
机组间主要通道	单排布置	1.5		2
	双排布置	1.5	2	
机组之间或机组与附属设备之间的通道		1.0	1.5	2.0
机组与内墙面间的通道		0.8	1.2	1.5

11）空气压缩机房内应设有隔音的值班控制室，其面积可根据控制方式和要求确定。

12）空气压缩机的吸风口宜布置在室外，并设消音器。

三、系统特点及压力分布

正压气力除灰系统具有下述技术特点：

（1）适用于从一处向多处进行分散输送。若在除灰母管后连接多路分支管，改变输送线路，并安装切换阀组，可按照程序控制分别向不同的灰库或供灰点卸灰。若能保持各分支管路灰气流合理分配，也可同时向多点卸灰。

（2）适合于大容量、长距离输送。与负压输送系统不同，正压系统输送浓度和输送距离的增大所造成的阻力增大，可通过适当提高气源压力得到补偿。而空气压力的增高，使空气密度增大，有利于提高携载粉体的能力，其浓度与输送距离主要取决于鼓风机和空气压缩机的性能和额定压力。

（3）收尘设备处于系统的低压区，故该设备对密封的要求不高，结构比较简单，一般不需要装锁气器。而且分离后的气体可直接排入大气，故一般只需安装一级小布袋收尘器。

（4）气源设备在供料器之前，故不存在气源设备磨损问题。

（5）可向某些正压容器供料。

该系统的缺陷：

（1）供料设备处于系统的高压区，对供料设备密封性能要求较高。

（2）间歇式正压输送系统（如单仓泵）不能实现连续供料。

（3）当运行维护不当或系统密封不严时，会发生跑冒灰现象，造成周围环境的污染。不过，与负压系统相比，系统漏气对系统运行稳定性的影响不大，而且给管路查漏提供了方便。

正压除灰系统的压力分布如图 4-3 所示。

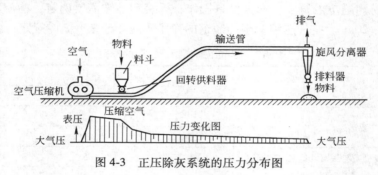

图 4-3　正压除灰系统的压力分布图

第三节　负压气力除灰系统

一、系统流程

负压气力输送系统是利用抽气设备的抽吸作用，使输灰系统内产生一定负压，当灰斗内的干灰通过电动锁气器落入供料设备时，与吸入供料设备的空气混合，一起吸入管道输送至终点，经气粉分离器分离后的干灰落入灰库，清洁空气则通过抽气设备重返大气。工艺流程如图 4-4 所示。

负压气力除灰系统应在每个除尘器灰斗下分别安装一台供料设备。负压气力除灰系统常用的供料设备有输灰控制阀或受灰器。用受灰器时，与除尘器灰斗之间应装设手动插板门和电动锁气器。用输灰控制阀时，与除尘器灰斗之间应装设手动插板门。输灰控制阀系统中装有多根分支管时，在每根分支输送管上应装切换阀，切换阀应尽量靠近输送总管。每根分支管终端还应设有自动进风门，自动进风门的大小与输送管管径的关系为：管径 D 不大于 200mm 时，进风门直径为

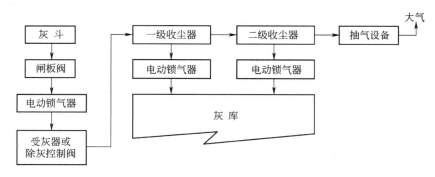

图 4-4 负压气力除灰系统的工艺流程图

32mm；管径 D 大于 200mm 时，进风门直径为 50mm。

在一定的输送距离下，采用输灰控制阀的负压气力除灰系统的出力主要取决于管道的直径。如果输送距离较长可分为两段变径布置，在各段起点的输送速度均应大于最低输送速度。

负压气力除灰系统应设专用的抽真空设备，抽真空设备可选用回转式风机、水环式真空泵或水力抽气器。水力抽气器现已较少采用，只有当输送灰量较小（20t/h），卸灰点分散，而且外部允许湿排放时才可采用。

对于采用受灰器的负压气力除灰系统，当采用负压风机时，其额定风量可按计算值的 110%~120% 选取，额定风压可按系统计算值的 120% 选取；装有除灰控制阀的负压气力除灰或气锁阀的低压气力除灰系统，应根据能量平衡原理计算其系统出力和风机压力。

当采用回转式风机时，其额定风量可按计算值的 110%~120% 选取，额定风压可按系统计算阻力值的 140%~160% 选取；对装有除灰控制阀的负压气力除灰系统，其负压可按计算确定，亦可按下述推荐值选用：

水平管道：50kPa；

提升高度小于 15m 的管道：60kPa（约为 6000mmH$_2$O）；

提升高度大于 15m 的管道：65~70kPa（约为 6500~7000mmH$_2$O）。

同一单元系统内运行的抽真空设备为 1~2 台时，应设 1 台备用，同时运行 2 台以上时，应设 2 台备用。在抽真空设备进口前的抽气管道上应设真空破坏阀，以保证系统设备的安全。

回转式风机的进、出口处均应装设消音器。回转式风机或真空泵等设备其相互间的通道不应小于 1.5m，设备与墙之间通道不宜小于 1.2m。负压风机房的检修面积宜为 16~18m^2，值班控制室的面积可根据控制方式和要求确定。

负压气力除灰系统要求在灰库顶部设置 2~3 级收尘器，通常以高浓度旋风分离器作为一级收尘器，以脉冲布袋收尘器或电除尘器作为二级收尘器的配置形式居多。

旋风收尘器的直径，可按收尘器内气流速度不大于 0.24m/s 进行计算选取。布袋收尘器作为二（三）级收尘时，布袋的有效面积应按制造厂提供的资料选取；当无资料时，布袋过滤风速不宜大于 0.8m/min，收尘效率不应小于 99.5%。布袋收尘器下灰斗的排灰宜通过锁气器接入灰库，锁气器出力的选取方式为：当二级收尘时，锁气器出力可为系统出力的 25%；当三级收尘时，锁气器出力可为系统出力的 50%。旋风收尘器进口的气流速度不宜大于 32m/s，出口气流速度不宜大于 24m/s，其效率可取 70%~80%。在收尘下料管处应设置双级翻板式锁气器或电动锁气器，亦可采用带隔离中转灰斗的旋风收尘器，其效率按制造厂提供资料选取，当无资料时可取 75%~80%。

布袋收尘器应装有自动脉冲吹扫装置，吹扫用的空气应为干燥空气，其压力按制造厂提供的资料选用，当无资料时宜为 0.5MPa。

在计算系统出力时，应核算距收尘器最近的和最远的灰斗的除灰出力。如从最近的灰斗除灰出力大于收尘器负荷时，应采用适当措施限制其除灰出力，或选用处理能力更大的收尘器。

二、系统布置

图 4-5 是一套典型的燃煤电厂粉煤灰负压气力除灰系统。锅炉与电除尘器的

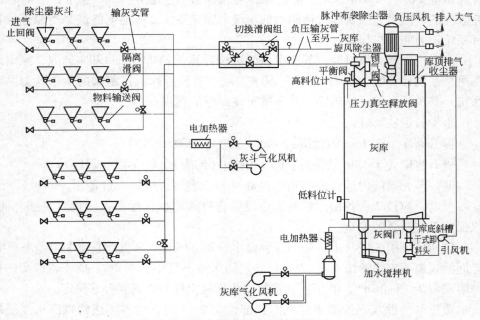

图 4-5　负压气力除灰系统布置图

配置以及电除尘器的电场结构均与图 4-2 相同。

三、系统特点及压力分布

负压气力除灰系统具有下述技术特点：

（1）适用于从多处向一处集中送灰。无需借助干灰集中设备，几只、十几只，甚至几十只灰斗可以共用一条输送母管将粉煤灰同时送入或依次送入灰库。

（2）由于系统内的压力低于外部大气压力，所以不存在跑灰、冒灰现象，工作环境清洁。

（3）因供料用的受灰器布置在系统始端，真空度低，故对供料设备的气封性要求较低。

（4）供料设备结构简单，体积小，占用高度空间小，尤其适用于电除尘器下空间狭小不能安装仓泵的场合。

（5）系统漏风不会污染周围环境。

其缺陷是：

（1）因灰气分离装置处于系统末端，与气源设备接近，故其真空度高，对设备的密封性要求也高，所以设备结构复杂。而且由于抽气设备设在系统的最末端，对吸入空气的净化程度要求高，故一级收尘器难以满足要求，需安装 2~3 级高效收尘器。

（2）受真空度极限的限制，系统出力和输送距离不高。因为浓度与输送距离越大，阻力也越大，这样，输送管内的压力越低，空气也越稀薄，携载灰粒的能力也就越低。

负压除灰系统的压力分布如图 4-6 所示。

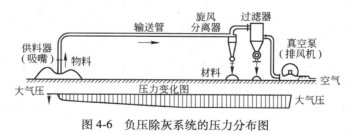

图 4-6 负压除灰系统的压力分布图

第四节 微正压气力除灰系统

一、系统布置

微正压气力除灰系统是一种继高正压（仓泵式）和负压之后的较新型的粉

煤灰输送系统。由于微正压气力除灰系统的供料设备采用的是气锁阀，因此又称为气锁阀除灰系统。

微正压气力除灰系统既不同于正压系统和负压系统，又与两者有着相近之处。比如，微正压气力除灰系统的供料设备（气锁阀）和正压气力除灰系统的供料设备（仓泵）都属于一种借助于外部气源的压力发送罐，只是罐体结构及气源压力有所不同，微正压系统通常用回转式鼓风机作为气源设备，其额定压力小于200kPa，仓泵的额定压力则要高许多。此外，微正压系统的库顶布袋收尘器的结构原理与正压除灰也相同。但是在系统布置方式上，微正压气力除灰系统与负压气力除灰系统相似，都是采用直联方式，即每一只灰斗配置一台气锁阀，几台气锁阀共用一条分支管路，几条分支管路共用一条除灰母管。

气锁阀正压浓相气力输送系统与常规正压浓相气力输送系统的最大区别，是在输送过程中不受开泵压力和关泵压力的影响，是一种连续式气力输送系统，也是该系统输送能力大、输送灰气比高、输送单位能耗低的主要原因。

由于是连续式气力输送系统，影响输送灰气比的主要因素与输送管道内气灰混合物密度、流速有关，因此当需要中长距离输送时，可以采取输送管道分段变径措施，通过优化计算能有效地控制输送管道内气灰混合物密度和输送管道末速度，不但能减少磨损，同时也能获得较高的输送灰气比。

由于气锁阀浓相气力输送系统的静电除尘器灰斗一般都采用定期出灰方式，因此在每个灰斗下安装一套规格相同的气锁阀发送设备，用一条输送管道串联同电场气锁阀发送设备。每台锅炉根据需要，既可以采用几个电场合用一条输送母管，也可以采用几条输送母管，因此与其他正压气力输送系统相比，其输送管道根数最少，对于中长距离输送，其具有明显的节省投资的效果。

由于气锁阀正压浓相气力输送系统的输送压缩空气不经过发送设备，而是从输送管道起始端直接输入的，因此不存在气锁阀发送设备本体压力损失，与流态化仓泵相比，最低限度能节省 0.05MPa 压力损失。

气锁阀正压浓相气力输送系统具有静电除尘器灰斗内干灰集中与输送为一体的功能。另外，气锁阀发送设备装灰、输送均采用时间控制，气锁阀发送设备不设料位计，因此整套输送系统配置简单、运行环节少。这是提高输送系统可靠性的重要因素之一。

图 4-7 是安装于国内某电厂的一套微正压除灰系统。该系统利用风机产生 0.1~0.14MPa 的输送风压将干灰直接送至灰库。风量约为 57m³/min，通常由容积式旋转风机提供。

灰从灰斗进入输送管时，由气锁阀调节灰斗与除灰管之间的压力，保证干灰能够从压力较低的灰斗流入压力较高的除灰管道（有关气锁阀的结构原理详见第三章）。与负压系统相比，微正压系统的输送量较大，输送距离也较远，同时简

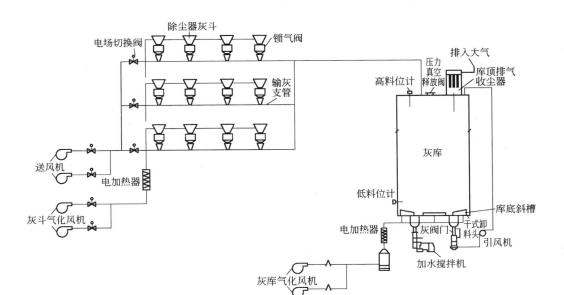

图 4-7　微正压气力除灰系统图

化了灰库库顶的灰气分离设备。缺点是每个灰斗下均需要较大的空间来安装气锁阀，基建投资较高。

二、输送原理

气锁阀发送设备的输送原理与其他发送设备的输送原理有明显的区别，具体如下：

（1）干灰在发送设备内经过充分流化后，利用发送设备内增压空气压力与输送管道内输送空气压力之差和干灰自重向输送管道内输送干灰，并利用压力之差调节发送设备内干灰输出时间。

（2）输入输送管道内的干灰，与从输送管道起始端输入的输送压缩空气，在压力作用下被强制均匀混合后进行输送。由于输送压缩空气不通过发送设备，因此气锁阀发送设备不存在本体压力损失。

（3）气锁阀发送设备的装料与输出均采用时间控制。在输送过程中，不受开泵压力和关泵压力的影响，因此具备发送设备一个接着一个地向输送管道内供灰的连续输送条件。

（4）气锁阀发送设备容积是按输送管道内料栓长度不大于 25m 计算的。在输送过程中能使沉积流保持高度的通风状态，干灰在输送管道底部以绳状流输送，被悬浮所携带的颗粒在输送管道上部运动，悬浮所携带颗粒利用周围紊流所产生的动压力仍作用于输送管道底部沉积物料进行输送，因此属于浓相气力输送类型。

（5）由于气锁阀正压浓相气力输送系统一般都采用静电除尘器灰斗处于积灰状态下定期出灰方式运行，因此静电除尘器灰斗必须设置气化风系统，并具有以下优点：

1）静电除尘器灰斗内干灰温度在100℃以上，经过气化风流化后，提高了干灰流动性能，可以防止下灰时在除尘器灰斗内起拱搭桥。除尘器灰斗卸灰畅通是气锁阀发送设备在设定时间内装灰到位的重要保证。

2）由于气锁阀发送设备装灰时间与输出时间之和不超过1min，因此干灰在发送设备内停留时间很短，干灰能保持良好的流动性能而被输送。

第五章 高浓度气力输送技术

目前我国燃煤电厂粉煤灰气力除灰系统主要包括两大类，即负压气力除灰系统和正压气力除灰系统（包括以气锁阀为物料发送设备的低正压气力除灰系统）。正压除灰系统按其输送浓度不同，又有高浓度和低浓度输送系统之分。由于高浓度气力除灰系统具有高效节能、流速低、磨损小、输送管道可用普通钢管、投资和维修费用少等诸多优点，所以该类系统将会成为我国燃煤电厂粉煤灰气力除灰系统的主导系统，如紊流双套管系统，脉冲栓流系统，DEPAC 仓泵系统，福建龙净环保的"LTR-M"泵、"LTR-D"泵、克莱德 AV 泵、PD 泵等。本章介绍几种典型的高浓度气力除灰系统。

第一节 紊流双套管气力除灰技术

一、概述

在气力输送的理论研究和实际应用中，如何提高灰气混合比，提高出力，降低能耗，减少空气消耗量，是人们共同关心的一个重要课题。而输送管中的灰气混合物的速度却是一个重要的因素，因为流速太高会造成不必要的高能耗和高磨损率，流速太低则易造成物料在管内的堵塞，因此，研制一个既经济又实用的系统是绝对必要的。建立于 1934 年的德国汉堡莫勒公司（MOLLER），经过多年的研究，于 20 世纪 80 年代中期，成功地解决了上述难题，把目标放在不产生堵塞的情况下，尽可能地降低输送速度，创造性地推出了获专利权的紊流双套管除灰系统（简称 TFS）。1994 年，浙江嘉兴电厂 2×300MW 机组干灰气力除灰系统经过招标、考察、议标，最终选定了国内首次应用的德国莫勒公司的紊流双套管系统，1995 年 6 月和 12 月两台机组先后投入运行。随后，国内有河北三河发电厂（2×350MW），山西河津电厂（2×350MW），新疆红雁池电厂（2×200MW），华能江苏太仓电厂（2×300MW）等相继投运，为国内推广应用新系统、新工艺积累了经验。该系统还可广泛地应用于水泥、石灰、矾土等粉状物料的输送，特别适用于磨蚀性物料以及防止破碎的物料。

二、基本原理

紊流双套管气力除灰系统属于正压气力除灰方式，该系统的工艺流程和设备组成与常规正压气力除灰系统基本相同：即通过压力发送器（仓式泵）把压缩空气的能量（静压能和动能）传递给被输送物料，克服沿程各种阻力将物料送往贮料库。但是紊流双套管系统的输送机理与常规气力除灰系统不尽相同，主要不同点在于该系统采用了特殊结构的输送管道，沿着输送管的输送空气保持连续紊流，这种紊流是采用第二条管来实现的。即管道采用大管内套小管的特殊结构形式，小管布置在大管内的上部，在小管的下部每隔一定距离开有扇形缺口，并在缺口处装有圆形孔板。正常输送时大管主要走灰，小管主要走气，压缩空气在不断进入和流出内套小管上特别设计的开口及孔板的过程中形成剧烈紊流效应，不断挠动物料，低速输送会引起输送管道中物料堆积，这种堆积物引起相应管道截面压力降低，所以迫使空气通过第二条管（即内套小管）排走，第二条管中的下一个开孔的孔板使"旁路空气"改道返回到原输送管中，此时增强的气流将吹散堆积的物料，并使之向前移动，以这种受控方式产生扰动，从而使物料能实现低速输送而不堵管。

紊流双套管正压气力除灰系统的工作原理图如图 5-1 所示。

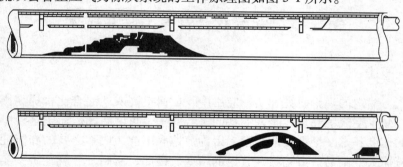

图 5-1　紊流双套管正压气力除灰系统的工作原理

三、系统特点

紊流双套管正压气力除灰系统的特点具体如下：

（1）系统适应性强，可靠性高。紊流双套管系统独特的工作原理，保证了除灰系统管道不堵塞，即使短时的停运后再次启动时，也能迅速疏通，从而保证了除灰系统的安全性和可靠性。这一特点也决定了该系统对输送物料适用范围更为广泛，尤其对石灰粉、矾土等难以输送的粉状物料，比采用其他除灰系统更具优势。该除灰系统输送压力变化平缓，空压机供气量波动小，系统运行工况比较稳定，从而改善了输灰空压机的运行工况，延长设备使用寿命，比常规的单管气力除灰系统性能要好。

（2）低流速，低磨损率。紊流双套管系统的输灰管内灰气混合物起始流速为 2~6m/s，末速约为 15m/s，平均流速为 10m/s。而常规除灰系统起始速度为

10m/s，末速约为 30m/s，平均流速约 20m/s。由于磨损量与输送速度的 3~4 次方成正比，这表明紊流双套管输灰管道的磨损量仅为常规气力输送系统的 1/8~1/16，也就是说紊流双套管系统的输灰管道寿命为常规系统的 8~16 倍。

（3）投资省，能耗低。由于紊流双套管除灰系统灰气混合物流速低，磨损小，所以不需采用耐磨材料和厚壁管道，这样便可大大降低输灰管道的投资和维护费用。同时由于输送浓度高，相应的空气消耗量也减少，库顶布袋除尘器过滤面积减小，设备投资费也减少。由于紊流双套管除灰系统输送浓度高，输送空气量减少，设备配套功率减少，能耗降低。多年的实际运行表明，其动力消耗要比常规的气力除灰系统低 30%~50%。据有关资料统计，稀相气力除灰系统单位电耗一般为 7~10kW·h/(t·km)，而紊流双套管系统一般为 4~6kW·h/(t·km)，年运行费用因此而降低。

（4）输送出力大，输送距离远。通常，随着输送距离的增加，浓度将降低，系统输送出力也就降低。而紊流双套管除灰系统出力可达 100t/h 以上，输送距离可达 1000m 以上，这是其他气力除灰系统难以实现的。

（5）双套管技术的极限性。双套管技术有很多优点但是也存在一些局限性，尤其国产化后，由于加工精度、安装精度以及设计上的缺陷，再加上近年来中国电厂煤质多变，系统问题频繁发生。

1）双套管的适应性。双套管的内管口径、扇形口间距和扇形口中间嵌入的圆形孔板都是固定的，而不同物料的输送需要不同的输送速度和压力，因此当双套管系统一经设计好后，其只能适应一定范围内变化的粉煤灰输送，当粉煤灰颗粒粒径和堆积密度等物性变化超出此范围后，如某些电厂粉煤灰堆积密度由 0.7t/m³ 增加到 1.0t/m³ 以上时，中位径由 40μm 左右增大到 80μm 时（煤种改变或除尘器停运时会出现这种状况），双套管系统往往出现频繁堵管、出力下降、磨损加剧的现象。

根据云南宣威电厂双套管输送系统的经验，当粉煤灰变重后，其颗粒往往较粗，流动性能也较差。输送时，当主输送管道出现堵塞时，压缩空气从堵塞下游的开口以较高的速度喷出后，由于粉煤灰变粗、变重，堵塞处的粉煤灰阻力也变大，因此这部分空气产生的压力只能吹通堵塞处上部的粉煤灰，管道下部粉煤灰则仍然沉积在管道中，由于每次只能吹通一部分堵塞的粉煤灰，因此系统的出力下降，输送压力也比输送堆积密度 0.7t/m³ 粉煤灰高。此时，单纯增加输送气量对增加出力效果并不明显，原因是，由于输送阻力加大后，增加的气量很大一部分从内管中流走，所以增加气量对输送的作用不明显，并且由于气流中携带有一定量的粉煤灰（相当于小管在输送），气流速度增大，反带来内管的磨损。这一点在输送管道末端更为明显。

省煤器和空预器的灰进行输送时，经常有杂物会落入仓泵和管道中，杂物极易进入双套管的小管中或者与小管撞击，造成小管脱落，从而使双套管的功能失效，极易由于杂物和小管脱落造成系统的堵管。

2）内套小管易磨损脱落，双套管实际变单管输送。双套管系统并不是想象的那样永不堵管，使用不当反而存在严重堵管、管道磨穿、双套管脱落的现象。使用双套管的电厂往往在灰库设备运行时，还发现脱落的双套管小管卡在灰库的给料机里，造成灰库卸灰器的卡壳、烧毁，影响了灰库的正常卸灰。同时，电厂设备在管道检修时，发现有些双套管小管已经脱落，由于一般没有备件可换，直接使用普通的 20 号无缝钢管，发现系统照样能够正常输灰，没有影响，且系统耗气量也没有增加。事实上，不少双套管系统经过一段时间后也变成了单管输送。

3）制造安装要求高，对接处容易磨损。双套管的制造及安装精度要求非常高，对接时小管必须保证在同一直线上，由于制造时法兰及小管的相对位置偏差，造成安装后小管不在同一直线上，运行时后端的小管就阻碍了输送的顺畅，局部造成了强烈的紊流，导致运行中在对接法兰的后端 1m 内磨损严重，特别是在弯头部分，由于弯头没有设置双套管，而进入弯头后物料流速降低而浓度增加，物料出弯头后容易进入小管，造成小管磨损或堵塞，维护工作量非常大，这也是使用双套管的电厂存在的普遍现象。而采用单管方式输送，其管道对接安装精度容易保证，因此不存在对接处的磨损问题。

4）关于双套管的清堵。采用双套管输送，理想的状态是双套管中物料的运行可以看成堵管—疏通—再堵管—再疏通的反复循环。但一旦输送管道中某处发生物料堵塞时，进入小管的就不再是气流，粉料一样会进入小管而造成小管堵塞，从而整个管道堵塞而失去了双套管的作用，特别是在弯头部分，由于弯头没有设置双套管，而进入弯头后物料流速降低而浓度增加，物料出弯头后容易进入小管，造成小管磨损或堵塞。如果双套管确实能够防止物料堵塞就无须配置清堵装置了，但国内双套管厂家也配置了清堵装置，只是大部分为手动清堵装置，操作非常不便。采用单管输送，配置可靠的正压充气负压反抽的清堵装置就能解决异常情况下的堵管。

双套管技术在国内水土不服，从而催生了市场反回头追求系统简单的单管技术，而管道变径技术的引入后，解决了单管后端的磨损问题，从而奠定了单管技术在国内的主流技术流派地位。

第二节　脉冲栓流气力除灰技术

一、概述

脉冲栓流气力输送技术，在我国的研究应用也有近四十年的历史，栓流气力输送技术主要应用于 PVC 粉（粒）、黏土、玻璃混合物、石墨、面粉等易碎性谷物或较难输送的粉粒状物料，浙江大学、合肥机械研究所等单位曾经做过大量的试验研究工作。河北、湖北、安徽等厂家也曾生产过脉冲栓流输送泵。20 世纪 70 年代初东北电力设计院在长春第一汽车制造厂自备电站除灰除渣系统的设计中，曾采用过脉冲栓流输送泵除灰系统，后来因为物料对设备和管路的磨损太严重，弯头泄漏，污染环境，检修维护工作量也太大而停运。而 80 年代初应用于北京高井电厂相邻的北京新型墙体材料厂（原北京市烟灰制品厂）的脉冲栓流输送泵，用来转运粉煤灰至各车间，其效果理想。

国内应用实例表明：栓流气力输送是一种低流速、低能耗、低磨损、高浓度、高出力、高效率、物料适应范围广、输送距离长的气力输送技术。自 1992 年以来，国家电力公司电力建设研究所针对燃煤电厂的粉煤灰物料，进行了系统和设备的试验研究，并应用于电厂的工业性试验，取得阶段性的成果。1999 年 5 月国家电力公司主持鉴定会，给予了高度的评价，在理论研究方面处于国内领先水平，指导国内脉冲栓流气力输送技术在电厂的应用。脉冲栓流气力输送技术适用于松散的粉状、粒状（粒径不大于 5mm）物料的输送，可广泛应用在电力、化工、粮食、水泥、冶金等行业。在电厂气力除灰系统中，采用该技术可大大地提高电厂气力除灰系统的技术经济性和运行稳定性。电力建设研究所关于脉冲栓流气力除灰技术的研究，对提高我国燃煤电厂气力输送技术，选择理想的除灰系统，保证系统和设备的经济性，运行的稳定性具有重要意义。

二、工作原理

脉冲栓流气力输送泵的工作原理是：将物料装入栓流泵罐内，在罐中压力的作用下，物料从排料口排出，进入排料管道，在管道中形成连续的较为密实的料柱。气刀在脉冲装置的控制下，间歇动作，将料柱切割成料栓。在输送管道中形成间隔排列的料栓和气栓，料栓在其前后气栓的静压差作用下移动，这种过程循环进行，形成栓流气力输送。

由于常见的气力输送是凭借输送气体的动压进行携带输送的，而栓流输送利用的则是气栓的静压差进行推移输送的，并且物料的流动是栓状流，因此栓流输送的输送速度可大大降低，耗气量也随之降低许多，系统及设备简单，由于速度低，所引起的摩擦和冲刷磨损大大降低。由于栓流泵构成的除灰系统具有低能耗、低磨损、高灰气比和高输送效率的特点，这使得其运行和维护的工作量及费用降低，同时这种输送的尾气处理量少，可使尾气处理设备简化，便于尾气按排放标准排放。

三、栓流气力输送过程分析

脉冲栓流气力输送过程分析，实际上就是对料栓和气栓在管道中的流动过程进行分析，其中包括料栓和气栓在流动过程中的流速、流动状态、空隙率、压力损失等参量的变化及相互关系。国内外气力输送研究人员对栓流气力输送黏土、PVC 粉末、型砂、水泥、玻璃混合料、面粉、小麦等多种物料的性能已经进行了大量的试验研究。栓流气力输送过程也是一个复杂的两相流过程，由于研究的外界条件存在差异，因此对栓流气力输送过程的论述也存在差异。通过试验研究结果分析，可以总结出以下几点基本意见：

（1）料栓空隙率。在输送管道中的料栓并不是一个实心的不透气的栓塞，而是一个有一定空隙率的粉粒集团，气栓中的一部分气体不断地穿过料栓内的空隙，从而使料栓的空隙率 ε 大于物料的堆积空隙率 ε_0，也就是说在脉冲栓流气力输送过程中，料栓的密度 ρ 总是比其堆积密度 ρ_0 小，随着输送距离增加，料栓的充气程度增加，密度和空隙率的变化增大。若料栓长度增加，则结果相反。

（2）料栓和气栓流速。由于脉冲栓流气力输送过程中气体不断地穿过料栓的空隙，因此气栓和料栓产生相对运动，试验证明：在管道入口处料栓流速 U_s 和气栓平均流速 U_g 的比值为 $U_s/U_g \approx 0.51$。

（3）料栓黏度。国外利用扭矩黏度计对物料层进行的试验研究证明：充气对物料层的黏度具有很大的影响，在初始流化点之前随着充气程度增强，料层黏度急剧下降；反之，如果充气程度减弱，则会导致黏度急剧增大。黏度增加意味着其内摩擦阻力和外摩擦阻力增大，其运动推力增大。对单个料栓移动的推力与料栓长度的关系进行研究表明：随着料栓长度增大，推动力会显著增加；而对料栓加以适当充气后，对于同等长度的料栓，其推动力降低，这同样证明了料栓黏度与充气程度的关系。

（4）过程模型化。脉冲栓流气力输送是在人为控制的气刀成栓装置作用下，在管道内形成间隔料栓和气栓，是一种人为的有规则的栓状流。当操作条件确定后，在整个管道中，经过某一截面的栓流状况和料栓相互之间的间隔时间，基本是一定的，因此脉冲栓流气力输送过程可以采用"拟均匀流"模型进行描述和处理。

四、性能分析

电力建设研究所试验研究证明：影响脉冲栓流气力除灰系统性能的主要因素是脉冲频率、气刀压力、料时气时比和输灰管道条件等。

（1）脉冲频率。在试验中当脉冲频率由 42Hz 降为 33Hz 时，输灰出力由 8.2t/h 增加到 12.18t/h，增加了 4.0t/h；输灰动力消耗指数由 0.0156kW·h

/（t·m）降低为 0.0114kW·h/（t·m），降低了 0.004kW·h/（t·m），这是因为在相同的气刀压力下，脉冲频率降低，料栓长度增加，降低了料栓的透气率，气体的渗透和穿透以及对料栓的充气程度减弱，减小了气体渗透对料栓前后静压差的影响，因此，输灰出力和灰气比增加，动力消耗指数降低，同时也改善了输送的稳定性。通过 1996 年 10 月再次工业性脉冲栓流气力输灰系统的试验证明：当脉冲频率降至 20Hz 时，输灰出力和灰气比增加趋势变缓，因此，可以看出脉冲频率有一个理想的范围，可以认为脉冲频率一般选取为 20～33Hz。

（2）气刀压力。气刀压力对栓流气力除灰系统的出力和动力消耗指数有较大的影响，其影响大小与管道长度及其布置形式有关。对于输送距离较短的系统，随着气刀压力升高，输灰出力和动力消耗指数变化较明显，输送距离越长，其变化越小。也就是说，对于短距离脉冲栓流气力输灰系统，增加气刀压力有利于提高输灰出力，降低动力消耗指数；对于长距离系统增加气刀压力对提高输灰出力的影响较小。这是因为在脉冲栓流气力输灰过程中，随着输灰管道长度增加，气体对料栓的充气程度增加，气栓和料栓的相对速度增加，穿过料栓的气体量增加，料栓前后的静压差随之减小，因而对提高输灰出力的影响减小。由于动力消耗指数是气力除灰性能中的一个综合性参数，它与耗气量和气刀压力成正比，而与输灰出力和管道长度成反比。因为气刀压力增加，耗气量增加；随着输送距离加长，气刀压力增加使耗气量增加的幅度大于使输灰出力增加的幅度，当气刀压力增加时，动力消耗指数并未进一步降低反而稍有增加。

（3）料时气时比。料时气时比是进料时间和进气时间的比值，也即气刀电磁阀断电和通电时间之比值，它对料栓长度和气栓长度在相同脉冲频率下有直接影响。

工业性栓流气力除灰系统的试验证明，对于较长输送距离的系统，增加料时气时比就增加了料栓长度，有利于提高栓流气力输灰性能，特别是会改善后段输灰管道中的栓流输送效果。料时气时比与被输送物料特性，如空隙率有很大关系，应该根据物料特性来确定。

除上述影响因素外，脉冲栓流泵顶部进气压力对输送性能也有一定影响，该进气压力增加使栓流泵排料量增加，在其他条件不变时增加了料栓长度，有利于提高输送性能，但该进气压力太大会对成栓效果产生不利影响。根据栓流气力输灰试验及其在其他行业的应用经验，该进气压力一般选取为气刀压力的 0.5～0.7 倍左右。

试验证明，脉冲栓流气力除灰中空气平均流速为 2.5～5.9m/s，远远低于其他气力除灰的平均气速 10～20m/s，因而显著地减小了除灰管道和设备的磨损，延长其使用寿命；其耗气量大大减小，使分离除尘设备大大简化。

五、结构及控制

脉冲栓流气动输送泵主要由泵体、进料阀、进气阀和排气阀、排料阀、料位计、气刀成栓装置和控制装置等部分组成，如图5-2所示。基本性能参数见表5-1。

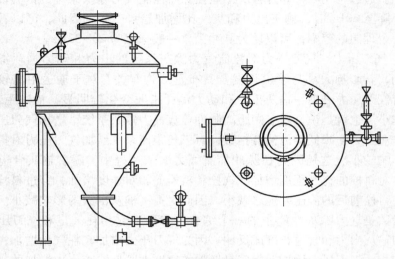

图 5-2　栓流泵示意图

表 5-1　栓流气力输送泵基本性能参数表

名　称	数　值				
输送介质	空气				
输送物料	非易燃或无腐蚀性粉状物料				
泵体材质	Q235-B				
有效容积/m³	1.0	2.0	3.0	5.0	8.0
设计压力/MPa	0.6	0.6	0.6	0.6	0.6
物料温度/℃	<200	<200	<200	<200	<200
筒体内径/mm	1000	1200	1800	2000	2400
筒体壁厚/mm	12	12	16	16	16
输送管内径/mm	40~70	40~80	50~125	80~150	80~150
外形尺寸/m×m×m	2.2×1.1×2.9	2.3×1.3×3.5	2.8×1.9×3.5	3.0×2.1×3.9	3.2×2.5×4.4
设备总重/kg	约1600	约2000	约2360	约2600	约3000
输送距离/m	<300（高30）	<300（高30）	<300（高30）	<300（高30）	<300（高30）
设备出力（灰）/t·h⁻¹	5~20	5~20	5~30	5~40	8~40
输送空气量/m³·min⁻¹	<1.7	<2.5	<6	<9	<9
输送空气压力/MPa	0.25~0.35	0.25~0.35	0.25~0.35	0.3~0.35	0.3~0.35

注：表中所列输送性能参数仅供选型参考，设备出力、输送空气量和输送空气压力等随输送距离和所输送物料而变化，应根据实际系统进行计算。

泵体由 Q235 - B 钢板焊接而成，有效容积为 $1 \sim 8m^3$，可承受内压力 0.60MPa。泵体上部采用标准圆形封头，在此装设有进气口、排气口、隔膜压力表、安全阀、吊耳等部件；中部为圆筒式，开有标准的人孔，供检查之用；下部为锥形封头和出料弯头；出料口装设耐磨阀门。气刀成栓装置装在泵体输出口的管道上。

泵体上部装有气动进料阀，具有良好的密封性能和工作可靠性；泵体上装有气动进气阀和排气阀，可实现泵内空气自动进入和排出；泵体上的安全阀起保护泵体的作用；料位计装于泵体的上部和下部，分别测量泵体内物料的上料位和下料位，以实现栓流泵装料和排料过程的料位指示；栓流气力输送泵控制装置由操作控制台、可编程序控制器、直流电源等构成，对栓流气力输送泵的进料阀、排料阀、进气阀、排气阀、气刀阀和给料机等实现程序控制，具体控制要求如下：

（1）复位状态下，要求进料阀、排料阀和进气阀处于关闭状态，排气阀则处于打开状态，气刀阀停止工作，给料机停止。

（2）进料条件满足（手动启动或自动循环启动），则打开进料阀，启动给料机给栓流泵进料。

（3）排料条件满足（栓流泵高料位或进料延时时间到），则停止进料，关闭进料阀和排气阀，打开进气阀给栓流泵充气，达到一定的压力时，打开气刀阀、排气阀，并使气刀阀以一定的脉冲频率工作，从而将栓流泵内的灰排出。

（4）排料结束（栓流泵低料位或排料延时时间到），则关闭进气阀和排料阀，打开排气阀并延时停止气刀阀工作，从而回到复位状态，结束一次循环。

操作控制台上布置有栓流泵各部位的调试按钮、工作状态指示灯和运行操作按钮等。

第三节　小仓泵正压气力除灰系统

一、概述

上海南市电厂为了保证安全生产，针对国产干除灰系统磨损严重、漏灰、堵管、检修维护工作量太大等问题，于 1988 年投资 35 万美元引进瑞典菲达公司 DEPAC 小仓泵正压气力除灰系统（简称 DEPAC 小仓泵系统）6 台 DEPAC 小仓泵（$1.25m^3$ 两台，$0.75m^3$ 两台，$0.5m^3$ 两台）和 2 台空压机（螺杆空压机 $Q = 9.5m^3/min$，$p = 0.75MPa$）改造 13 号炉（220t/h）除灰系统，1989 年底投运后，系统运行正常，检修维护量小，明显优于国产仓泵除灰系统，受到电厂好评，也引起有关部门的关注，首先由上海水工机械厂进行消化、吸收、仿制，除保证备品备件供应外，还在另一台锅炉上进行仿制设备和系统的考核试验，并获成功。

1993 年 11 月珠江电厂 2 号炉从澳大利亚 ABB 公司引进的小仓泵正压气力除灰系统（简称 ABB 小仓泵系统），一次投运成功，为进一步推广应用正压浓相小仓泵除灰系统提供了一个很好的实例。

上述两种小仓泵正压气力除灰系统的输送机理相近，其性能明显优越于目前国产老式仓泵气力除灰系统。这种气力除灰技术在电厂中的应用越来越多，已占据了大部分国内市场。

二、输送机理

小仓泵正压气力除灰系统是结合流态化和气固两相流技术研制的，是一种利用压缩空气的动压能与静压能联合输送的高浓度、高效率气力输送系统。其输送技术的关键是必须将物料在小仓泵内得到充分的流态化，而且是边流化，边输送，改悬浮式气力输送为流态化气力输送，因此，系统整体性能指标大大超过常规的气力除灰系统，是目前世界上成熟可靠的气力输送技术之一。

仓泵控制采用 PLC 程序控制与现场就地手操相结合的方式。

PLC 控制为经常运行方式，系统根据设定的程序自动运行，正常情况下，仓泵进料阀打开，仓泵进料，当仓泵内料满，仓泵料位计发出料满信号，PLC 接到料满信号后，发出指令，相继关闭仓泵进料阀，打开进气阀，仓泵开始充气流化，当仓泵内压力达到双压力开关所设定的上限压力时，仓泵出料阀打开，仓泵内灰气混合物通过管道送入灰库。随着仓泵内灰量的减少，仓泵内压力也随之降低，至双压力开关所设定的下限压力后，再延迟一定时间吹扫管道，然后关闭进气阀，关闭出料阀，打开进料阀，仓泵开始再次进料，如此循环。实现系统自动运行，同时具有自动保护功能，并发出声光报警。

就地控制方式为每台仓泵就地配置一台阀门控制箱，运行人员可通过阀门箱上的按钮开关一对一的手动操作各阀门设备。自动/手动开关设在就地阀门箱上，主要为调试及检修用。

同时，为能在控制室内更直接地观察仓泵运行情况，在控制柜上设置了模拟显示屏，可直接显示仓泵各设备的运行状态和故障情况。这样，既利用了 PLC 的简单可靠性，又通过模拟屏的动态显示，使系统更便于监控。

本系统采用仓泵间歇式输送方式，每输送一仓飞灰，即为一个工作循环，每个工作循环分四个阶段，如图 5-3 所示。

（1）进料阶段。进料阀呈开启状态，进气阀和出料阀关闭，仓泵内部与灰斗连通，仓泵内无压力（与除尘器内部等压），飞灰源源不断地从除尘器灰斗进入仓泵，当仓泵内飞灰灰位高至与料位计探头接触，则料位计产生一料满信号，并通过现场控制单元进入程序控制器。在程序控制器控制下，系统自动关闭进料阀，进料状态结束。

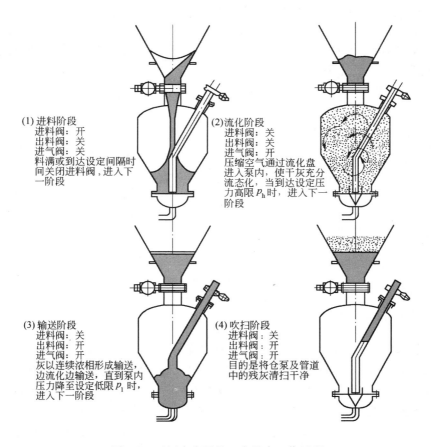

(1) 进料阶段
进料阀：开
出料阀：关
进气阀：关
料满或到达设定间隔时间关闭进料阀,进入下一阶段

(2)流化阶段
进料阀：关
出料阀：关
进气阀：开
压缩空气通过流化盘进入泵内,使干灰充分流态化,当到达设定压力高限 P_h 时,进入下一阶段

(3) 输送阶段
进料阀：关
出料阀：开
进气阀：开
灰以连续浓相形成输送,边流化边输送,直到泵内压力降至设定低限 P_l 时,进入下一阶段

(4) 吹扫阶段
进料阀：关
出料阀：开
进气阀：开
目的是将仓泵及管道中的残灰清扫干净

图 5-3　正压小仓泵的四个基本工作过程

（2）加压流化阶段。进料阀关闭,打开进气阀,压缩空气通过流化盘均匀进入仓泵,仓泵内飞灰充分流态化,同时压力升高,当压力高至双压力开关上限压力时,则双压力开关输出上限压力信号至控制系统,系统自动打开出料阀,加压流化阶段结束,进入输送阶段。

（3）输送阶段。出料阀打开,此时仓泵一边继续进气,飞灰被流态化,灰气均匀混合;一边气灰混合物通过出料阀进入输灰管道,并输送至灰库,此时仓泵内压力保持稳定。当仓泵内飞灰输送完后,管路阻力下降,仓泵内压力降低,当仓泵内压力降低至双压力开关整定的下限压力值时,输送阶段结束,进入吹扫阶段,但此时进气阀和出料阀仍保持开启状态。

（4）吹扫阶段。进气阀和出料阀仍开启,压缩空气吹扫仓泵和输灰管道,此时仓泵内已无飞灰,管道内飞灰逐步减少,最后几乎呈空气流动状态。系统阻力下降,仓泵内压力也下降至一稳定值。吹扫的目的是吹尽管路和泵体内残留的飞灰，以利于下一循环的输送。定时一段时间后，吹扫结束，关闭进气阀、出料阀，然后打开进料阀，仓泵恢复进料状态。至此，包括四个阶段的一个输送循环结束，重新开始下一个输送循环。以上输送循环四个阶段仓泵内压力变化曲线如图 5-4 所示。

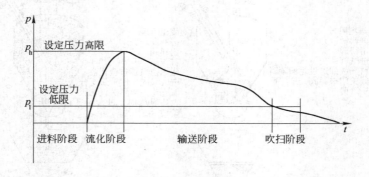

图 5-4　仓泵内的压力变化图

三、系统特点

小仓泵正压气力除灰系统的特点具体如下：

（1）较高的灰气比。灰气比可达 30～60kg/kg，而常规稀相系统为 5～15kg/kg。因此其空气消耗量大为减小，在大多数情况下，浓相正压气力除灰系统的空气消耗量约为其他系统的 1/3～1/2。由此带来一系列有利的因素：

1）供气不必使用大型空气压缩机，因而可采用性能可靠的小型螺杆式空压机。供气系统投资较低，为使系统更加可靠稳定，在压缩空气站增加一套压缩空气干燥过滤系统在经济上也是允许的。

2）输灰系统输送入贮灰库的气量较小，因而贮灰库上的布袋过滤器排气负荷大大降低，从而有利于布袋过滤器的长期可靠运行。通常贮灰库所需过滤的空气量大，而贮灰库顶部的空间较小，往往造成在高负荷下运行的布袋过早损坏，而本系统较好地解决了这一难题。

3）在通过提高浓度满足出力的前提下，所用管道管径大为减小，常用DN65、DN80、DN100、DN125 等小管径管道；而稀相系统管道管径一般在DN125～DN250 之间。由于管道管径减小，因而管道自重和冲击力较小，可选用轻型支架或利用现有厂房建筑敷设安装，十分方便，而且投资要比常规稀相系统低得多。

（2）较低的输送流速。在通过提高浓度满足出力的前提下，尽可能降低输送流速以减少磨损。本系统平均流速在 8～12m/s，而起始段流速为 5～8m/s，为常规稀相系统的一半左右，因此输灰管道磨损大为减少。管道磨损小，就可不用价贵的耐磨管，而采用普通无缝钢管即可，只在弯头部位采用耐磨材料或增加壁厚。

（3）较高的工作压力。系统工作压力较高，一般为 0.2～0.4MPa，对设备密封性要求较严，但可充分利用常规空压机提供的压头，而且由于其流量大为减小，故足以抵消压力增高所增加的费用。

（4）较好的工作适应范围。输送距离范围宽广，从短距离的 50m 至 1500m 长距离，本系统都有其良好的输送业绩。对于更长距离的输送，可采用中间站接力的方式解决，如一级输送采用小型仓泵把飞灰集中至中间转运灰库，二级输送用大型仓泵，远距离输送至终端灰库。

（5）与除尘器的协调性。仓泵与除尘器灰斗直接连通，正常工作情况下，灰斗内仅仅在相应仓泵处于输送状态时才有少量积灰，因而灰斗一般可不设加热和气化设备，并大大有利于除尘器的运行。

（6）安装维修方便。由于仓泵体积小、质量轻，故安装方便，维修也容易。常用仓泵规格为 0.25～2.5m³，设备质量在 250～1500kg 之间，可直接吊挂在灰斗下。

（7）配置灵活。本系统配置灵活方便，可根据出力需要灵活配置仓泵规格、输灰管道连接方式，以适应实际工况要求。

（8）可靠性和可维修性。本系统在设计过程中考虑了系统设备的可靠性和可维修性要求，主要体现在以下几个方面：

1）系统具备的故障备用方式优越，可大大提高系统的可靠性和可维修性，如电除尘器某一个电场下的仓泵故障，即可停止此电场仓泵的输送，而不影响其他电场仓泵工作，这对维修是有利的。

2）对于本系统内的主要动作部件，如电磁阀、气缸，由于控制用气经过严格的净化处理，因而具有很高的可靠性。

3）对于本系统内工作工况恶劣的关键部件，如进料阀和出料阀等，针对高冲刷性灰气混合两相流工况进行设计和制造，以满足其工况适应性和长期使用的可靠性能要求，并考虑可维修性要求。

4）系统的大量配套件，如阀门、气缸、仪器仪表等，都尽量采用标准元件，互换性强，维修费用低，而且更换方便。

（9）自动运行水平。本系统自动化程度高，操作简单，系统动态显示、故障报警和处理功能齐全。在必要的时间，既可与电除尘器控制中心联合构成一集控中心，同时又可以在本系统局部范围内（如对某一仓泵）实现手动操作，因此操作管理都非常灵活方便。

四、工程实例

(一) 珠江电厂小仓泵系统

广东珠江电厂一期工程 2×300MW 机组，锅炉除灰渣系统采用灰渣分除的方式，1 号炉采用国产负压干除灰系统，2 号炉采用从澳大利亚 ABB 公司引进的小仓泵正压浓相除灰系统。电除尘器为三个电场，每个电场 8 个灰斗，每个灰斗下各装 1 台小仓泵，一、二电场仓泵容积为 0.75m³，三电场和省煤器下小仓泵容积为 0.1m³。输灰管道采用 20 号碳钢无缝钢管。一电场为 DN100，二电场为 DN80，省煤器及三电场为 DN50。该系统于 1993 年 8 月安装完毕，11 月投运至今，运行情况正常。系统出力（最大）为 58.66t/h，压缩空气最大消耗量（标准状态）为 43.3m³/min。

(二) 山西华能榆社电厂二期扩建工程小仓泵系统

山西华能榆社电厂 2003 年扩建 2 台 300MW 燃煤发电空冷机组，其中每台炉包含了 4 个省煤器灰斗和 4 个预电除尘器灰斗。福建龙净环保与西北电力设计院共同研究设计，在这个项目上采用了小仓泵正压浓相气力输送系统。预除尘器输送当量长度为 400m（几何长度为 335m），省煤器输送当量长度为 460m（几何长度为 375m）。每台炉排灰量约为 34t/h，设计系统出力为 55t/h，无水力除灰备用系统。省煤器仓泵与其中两个预电除尘器仓泵共用一根 DN125/DN150 管道，剩余两个预电除尘器仓泵共用一根 DN125/DN150 管道。电厂两台炉气力除灰系统已于 2004 年 8 月、10 月先后投入运行，系统运行状况良好，各项技术、经济指标均达到设计要求。

第二篇

输灰系统控制技术

SHUHUI XITONG KONGZHI JISHU

第六章 自动控制基础

所谓自动控制就是在没有人直接参加的情况下，利用控制装置使被控制对象（如设备或生产过程等）自动地按照预定的规律运行或变化。自动控制理论就是研究自动控制共同规律的技术科学。经典控制理论主要研究单输入-单输出系统的输出控制，它的数学工具是传递函数，它的主要方法是频率法和根轨迹法。现代控制理论研究多输入-多输出控制系统的状态控制，它的数学工具是矢量微分方程理论、矩阵论和集合论，它的主要方法是状态空间方法。

本书主要介绍经典线性控制理论。

第一节 自动控制系统的基本概念

一、自动控制系统

能够对被控对象的工作状态进行自动控制的整个系统称为自动控制系统。它一般由被控对象和控制装置组成。

被控对象（简称对象）是指要求实现自动控制的机器、设备或生产过程，例如锅炉电除尘器、电厂生产过程等。控制装置是指对被控对象起控制作用的设备的总体。

自动控制系统可以按照多种方式组成。

二、开环系统控制

如图 6-1 所示用电阻丝加热电炉就是一个开环控制系统。炉子是被控对象，炉温 T 是要求实现自动控制的物理量，称为被控制量（或称输出量）。转动调压变压器的滑臂可以改变控制量 V，从而调节炉温。这种开环控制系统当工作条件变化时，例如炉门开闭的次数变化、外界环境温度的变化、电源电压的变化等都使被控制量（炉温 T）无法保持在希望值上。上述这些使被控制量偏离希望值的因素称为对系统的扰动（或称干扰）作用。这种系统的被控制量（炉温 T）对控制量（电压 V）没有反作用的控制系统称为开环控制系统。

开环控制系统装置简单、成本低，但控制的精度也低，抗干扰性能差。

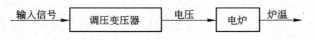

图 6-1　电阻丝加热炉的开环控制系统

三、闭环控制系统

图 6-2 是一个电阻丝加热炉的闭环控制系统。系统中的热电偶用来测量炉温，并将炉温 T 转变成响应的电信号（毫伏级），再与设定温度值的电压（也是毫伏级）进行比较，相减得到的偏差 e 表示实际炉温和希望炉温之差，经电压和功率放大后驱动电动机去调节变压器的滑臂，改变控制量 V，从而使被控制量 T 向希望值靠近。

比较图 6-1 和图 6-2 两个控制系统可以发现，闭环控制系统相对开环控制系统最大的差别在于，闭环控制系统存在一条从被控制量（炉温 T）经过测量元件（热电偶）到输入端的通道，称为反馈通道。从给定值、放大器、电动机、调压变压器到电炉的通道称为前向通道。

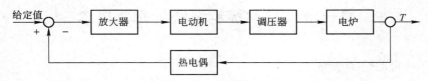

图 6-2　电阻丝加热炉的闭环控制系统

分析图 6-2 所示的闭环控制系统，可以看到它具有下面三个机能：

（1）测量被控制量；

（2）将测定的被控制量的值和给定的希望值进行比较；

（3）根据比较的结果（偏差 e）对被控制量进行修正。

反馈分为正反馈和负反馈两种。作为自动控制系统主要采用负反馈。采用负反馈的闭环控制系统，不论造成偏差的因素是外来的扰动，还是内部参数的变化，控制作用总是使偏差趋向下降，即近几年来所谓"检测偏差，纠正偏差"。

综上所述，闭环控制系统是一种反馈控制系统，系统输出的被控制量和输入端之间存在着反馈通道。闭环控制系统具有自动修正被控制量偏离的能力，控制精度较高。但由于存在着反馈，系统可能产生振荡，故调试比较复杂。

四、闭环控制系统的基本组成

一般说来，闭环控制系统基本组成元件及其机能如下：

（1）测量元件，对系统输出量进行测量；

（2）比较元件，对被控制量（或测量值）与给定值进行代数运算，给出偏差信号，起信号综合作用；

（3）放大元件，对微弱偏差信号进行放大和复换，输出足够的功率和要求的物理量；

（4）执行机构，根据放大后的偏差信号，对被控对象执行控制任务，使被控制量与希望值趋于一致；

（5）校正装置，其参数和结构便于调整，用于改善系统性能；

（6）被控对象，指自动控制系统总需要进行控制的机器、设备或生产过程。

一般，控制系统受到两种作用，即有用信号（给定值）的作用和扰动作用，它们都称为系统的输入信号。系统的有用输入信号决定系统被控制量的变化规律。扰动输入在实际系统中是难以避免的，而且它可以作用于系统中的任意部位。通常所说的系统输入信号是指有用信号。

五、复合控制

复合控制就是开环控制与闭环控制相结合的一种控制方式，实质上它是在闭环控制的基础上，用开环通道提供一个附加的输入作用，以提高系统的控制精度和动态性能。开环通道通常是由对输入信号的补偿装置，或扰动作用的补偿装置组成，分别称为按输入的补偿和按扰动的补偿，如图6-3所示。

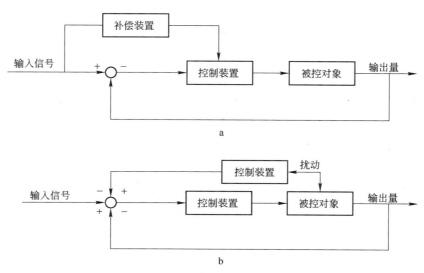

图 6-3　复合控制方块图

a—按输入作用补偿；b—按扰动作用补偿

复合控制与仅按偏差的控制相比，有更高的精度和快速性，而且结构简单、可靠，因此获得了广泛应用。

六、自动控制系统的一些类型

（一）定值控制系统

系统的输入即给定值是常数或随时间缓慢变化的，系统的基本任务是在存在着扰动的情况下，保证输出的被控制量保持在给定的希望值上，所以称为定值控制系统。前述的温度控制系统就属于定值控制系统。

（二）随动系统（跟踪系统）

系统的输入即给定值是任一随时间变化的函数（事先无法预测其变化规律），系统的任务是保证输出的被控制量以一定的精度跟随输入的变化而变化，所以也称为跟踪系统。

（三）程序控制系统

输入量的变化是一个已知的时间函数，系统的任务是使输出按一定的精度随输入而变化。

（四）过程控制系统

当自动控制系统的输出量是温度、压力、流量、液面或 pH 值（氢离子浓度）等一些变量时称为过程控制。程序控制系统就是其常见的一种。

（五）计算机控制系统

由于数字计算机的迅速发展和不断完善，它的强大计算能力和信息处理能力给自动控制以极大的影响。计算机在自动控制中的应用不仅引起了量的变化，并且引起了质的变化。

1. 综合控制化

在从单个生产环节的自动化发展到整个生产线的自动化，并向整个工厂的自动化发展过程中，电子计算机起着大脑的作用。

2. 建立高质量的控制系统

最优控制："最优"是指使控制系统实现对某种性能指标（称为目标函数）为最佳（即目标函数为最大或最小）的控制。例如电力生产过程往往希望燃料最省，远程飞机希望实现每单位体积燃料的最大飞行距离等。

自适应控制：系统能够在外部或内部变化着的信息与变化着的条件下，不断地改变自身的结构和参数，使系统始终有良好的性能。

自学习控制系统：它具有辨识、判断、积累经验和学习的功能。在控制系统的特征事先不能确切知道，或不能确切地用数学方法描述时，采用自学习控制可以在工作过程中不断地测量、估计系统的特征，并决定最优控制方案，实现性能指标最优控制。

七、控制理论的基本体系

在自动控制系统中，所处理的对象种类繁多，情况复杂。但是，作为被控制的对象不管怎样复杂，一旦找到了它的数学模型（例如微分方程），就可以用一般的控制理论进行处理。

首先，必须知道被控制对象的特征。对于系统的设计和分析来讲，系统的动态性能是最重要的。为了便于研究分析系统的特性，用数学表达式来表现系统的特性是必须的。求取系统数学模型的阶段称为模型化。为了求取数学模型，需要测量系统的特性和进行系统辨识。

其次，在系统比较简单时，一般可以求解数学模型，但是在多数情况下系统又大又复杂，用解析的方法求解数学模型往往是不可能的，这时往往使用计算机模拟的方法。

已知系统的结构和参数，研究系统在一些典型的输入信号作用下的动态性能和结构、参数的关系，称为分析。分析系统不是研究控制理论的最终目的。最终目的是根据分析的结论构成一个能完成给定任务（有一定的稳定性、快速性、准确性）的系统。实现这个目的一般有两种方法：第一种是校正的方法，一般说来它不是一个简单的一次能完成的过程，而是一个逐步试探的过程，也称为分析的方法；第二种方法是综合的方法，它是用直接的步骤，寻找一个按既定要求完成任务的系统，通常，这种方法从设计开始到结束，完全是一些数学方法。

第二节　自动控制系统的动态过程

一、数学模型

控制系统的数学模型是描述系统内部各物理量（或变量）之间关系的数学表达式。在静态条件下（即变量的各阶段导数为零）得到的数学模型称为静态模型；而各变量在动态过程中的关系用微分方程描述，称为动态模型。系统的数学模型可以用分析法和实验法建立。分析法即是从元件或系统所依据的物理或化学规律出发，建立数学模型并经实验证实。实验法即是对系统加入一定形式的输入信号，用求取系统输出响应的方法建立数学模型。

忽略一些次要的物理、化学因素后，得到的简化数学模型往往是一些线性微分方程。具有线性微分方程式的系统称为线性系统。当微分方程式的系数是常数时，相应的系统称为相应时变系统。

如果控制系统含有分布参数，那么描述系统的微分方程应是偏微分方程。如果系统中存在非线性元件，则需用非线性微分方程来描述，这种系统称为非线性系统。

二、系统

（一）静态系统

一系统，如果它在任一时刻 t 的响应 $\gamma(t)$，唯一的取决于同一时刻的输入 $u(t)$，则称为静态系统或无记忆系统。

（二）动态系统

一系统，如果它在任一时刻 t 的响应 $\gamma(t)$，对时刻 t 及以前的所有输入 $u(-\infty, t)$ 有记忆作用，则称为动态系统或有记忆系统。

（三）线性系统

线性系统具有下面两个性质：

（1）齐次性。如果线性系统对输入信号 $\chi(t)$ 的响应是 $\gamma(t)$，即：

$$\chi(t) \rightarrow \gamma(t)$$
$$a\chi(t) \rightarrow a\gamma(t)$$

式中，"$\rightarrow$"表示响应。

（2）叠加性。如果

$$\chi_1(t) \rightarrow \gamma_1(t)$$
$$\chi_2(t) \rightarrow \gamma_2(t)$$

则当输入为 $\chi_1(t) + \chi_2(t)$ 时，线性系统的响应为：

$$\chi_1(t) + \chi_2(t) \rightarrow \gamma_1(t) + \gamma_2(t)$$

齐次性和叠加性可以统一地表示为：

$$a_1\chi_1(t) + a_2\chi_2(t) \rightarrow a_1\gamma_1(t) + a_2\gamma_2(t)$$

齐次性和叠加性告诉我们：作用于线性系统的多个输入的总响应，等于各个输入单作用时产生的响应之和。

三、自动控制系统的动态过程

为了实现自动控制的基本任务，必须对系统在控制过程中表现出来的性能提出要求。

一般，在没有外作用时，系统处于平衡状态，系统的输出保持原来的状态。当系统受到外作用时，其输出量将发生变化。由于系统中总是包含有惯性或贮能特性的元件，因此输出量的变化不可能立即发生，而是有一个过渡过程，在自动控制中也称为动态过程。

动态过程的性能是自动控制系统质量的重要标志。对系统动态性能的要求首先是稳定性，即当系统受到外作用时，其输出量的过渡过程随时间的推移而衰减，输出量最终能与希望值保持一致，系统就是稳定的。不稳定的系统，其输出量的过渡过程随着时间的增长而增长，或表现为等幅振荡。

其次，要求自动控制系统过渡过程应有较好的快速性。

最后，当自动控制系统输出量的过渡过程结束后，要求输出量最终应准确地达到希望值，否则将产生稳态误差。系统的稳态误差应满足准确度的要求。

按照给定的任务，设计一个既能满足稳定性要求，又能满足稳态误差及动态过程性能指标要求的系统，这就是学习自动控制理论的基本任务。

四、典型输入

作用于自动控制系统的输入信号是多种多样的，既有确定性的输入，又有随机性的输入。对于不同的输入，系统有不同的输出特性，一般称为响应特性。为了便于研究，通常选用几种确定性函数作为典型输入。目前在工程设计中常用的典型输入函数有以下几种。

（一）单位阶跃函数

单位阶跃函数 $1(t)$ 定义为：

$$1(t) = \begin{cases} 0 & t < 0 \\ 1 & t \geqslant 0 \end{cases}$$

对于幅值为 R_p 的阶跃函数可表示为：

$$F(t) = R_p \times 1(t)$$

在自动控制中，阶跃函数是应用最多的一种评价系统动态性能的典型输入。单位阶跃函数见图 6-4。

（二）单位斜坡函数 $f(t)$

单位斜坡函数的数学表达式为：

$$f(t) = \begin{cases} 0 & t < 0 \\ t & t \geqslant 0 \end{cases}$$

即 $f(t) = t \times 1(t)$

式中的 $1(t)$ 在实际使用中常常省略。上式表示从 $t = 0$ 时刻开始，$f(t)$ 随时间的推移，以速度为 1 恒速变化，见图 6-5。对于速度为 R_v 的斜坡函数可表达为：

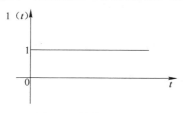

图 6-4　单位阶跃函数

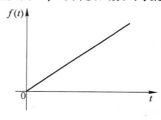

图 6-5　单位斜坡函数

$$f(t) = R_v t \times 1(t)$$

同样，在实际使用中上式的 1 (t) 也常常省略。

（三）单位脉冲函数 $\delta(t)$

单位脉冲函数定义为：

$$\delta(t) = \begin{cases} 0 & t < 0, \ t > 0 \\ \infty & t = 0 \end{cases}$$

单位脉冲函数可以看成图 6-6a 所示面积为 1 的矩形脉动函数，当宽度 $\tau \to 0$ 时的极限 $\delta(t) = \lim \dfrac{1}{\tau} [\, 1(t) - 1(t - \tau)\,]$。

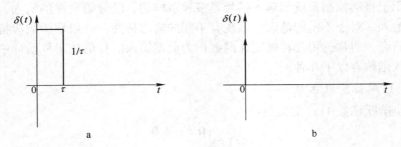

图 6-6　单位脉冲函数

a—面积为 1 的矩形脉动函数；b—单位脉冲函数的表示

显然，$\delta(t)$ 函数的面积为 1，见图 6-6a。所以，通常脉动函数的强度用它的面积来表示。强度为 A 的脉冲函数 $f(t)$ 可表示为：

$$f(t) = A\delta(t)$$

单位脉冲函数可以看成是单位阶跃函数的导数：

$$\delta(t) = \frac{\mathrm{d}}{\mathrm{d}t} 1(t)$$

反过来单位脉冲函数的积分就是单位阶跃函数：

$$\int_{-\infty}^{+\infty} \delta(t)\,\mathrm{d}t = 1$$

单位脉冲函数（Dirac 函数或 δ 函数）是一种数学的抽象，在实际物理系统中是不存在的。但是对于实际系统中的这样一些输入：在 $0 < t < \tau (\tau \approx 0)$ 的持续时间内，输入量 $f(t)$ 的积分 $\int_0^\tau f(t)\,\mathrm{d}t$ 的值是不可忽略的，那么 $f(t)$ 对系统的作用近似地可用一个面积为 $A = \int_0^\tau f(t)\,\mathrm{d}t$ 的脉冲函数 $A\delta(t)$ 代替。

（四）单位加速度函数

单位加速度函数的数学表达式为：

$$f(t) = \begin{cases} 0 & t < 0 \\ \dfrac{1}{2}t^2 & t \geq 0 \end{cases}$$

即：

$$f(t) = \frac{1}{2}t^2 \cdot 1(t)$$

对于加速度为 R_a 的加速度函数可表示为：

$$f(t) = \frac{1}{2}R_a t^2 \cdot 1(t)$$

（五）单位正弦函数

单位正弦函数表达式为：

$$f(t) = \begin{cases} 0 & t < 0 \\ \sin(\omega t + \varphi) & t \geq 0 \end{cases}$$

即：

$$f(t) = \sin(\omega t + \varphi) \cdot 1(t)$$

第三节　拉氏变换及传递函数

一、拉普拉斯变换

线性动态系统中经常遇到一类形如 ce^{st} 的指数函数，其中 $s = \sigma + \mathrm{j}\omega$，改写一下为：

$$ce^{st} = ce^{\sigma t} + ce^{\mathrm{j}\omega t} = ce^{\sigma t}(\cos\omega t + \mathrm{j}\sin\omega t)$$

从上式可看出复数 s 的虚部 ω 代表着频率，因此，称 s 为复数频率。

（1）拉氏变换：把某一类以时间 t 为自身变量的函数 $f(t)$，通过变换 $L[f(t)] = \int_0^\infty f(t)e^{-st}\mathrm{d}t = F(s)$ 将其转化为以复数频率 s 为自变量的函数 $F(s)$。

（2）时域法：直接以时间 t 作为自变量建立数学模型并进行分析及综合的方法。

（3）频域法：在复数频率 s 的数域上（通过拉氏变换）建立系统的数学模型，并进行分析及综合的方法。

对于拉氏变换只定义于 $t \geq 0$ 区间，对 $t < 0$ 时，假设 $f(t) = 0$，求拉氏变换及求原函数 $f(t)$ 很复杂，所以我们利用的现成的拉氏变换表，在任一种讲述它的书中都可以找到。

二、传递函数

（一）零状态响应

给定系统的初始状态 $x(t) = 0$ 时，对应的输出称为零状态响应。

（二）零输入响应

系统的输入集全为零时对应的输出。

（三）传递函数

在所有初始条件均为零时，系统输出的拉氏变换与输入的拉氏变换之比，运用拉氏变换可以将时域的数学模型（微分方程）转换成复数域（s 域）的数学模型。设图 6-7 所示系统的输入输出关系为：

$$C^{(n)}(t) + a_1 C^{(n-1)}(t) + \cdots + a_n C(t) = b_0 r^{(m)}(t) + b_1 r^{(m-1)}(t) + \cdots + b_m r(t)$$

图 6-7　系统

设函数 $C(t)$ 为系统对输入的零状态响应，则对上式两边取拉氏变换得：

$$S^n C(s) + a_1 S^{n-1} C(s) + \cdots + a_n C(s) = b_0 s^m R(s) + b_1 s^{m-1} R(s) + \cdots + b_m R(s)$$

$$\frac{C(s)}{R(s)} = \frac{b_0 s^m + b_1 s^{m-1} + \cdots + b_m}{S^n + a_1 S^{n-1} + \cdots + a_n}$$

令 $G(s) = \dfrac{C(s)}{R(s)}$，则 $G(s)$ 就称为系统的传递函数。而 $C(s) = G(s) R(s)$ 使时域中的复杂关系（微积分）变简单了。

三、控制系统典型元部件的传递函数

（一）比例环节

比如放大器：

$$G(s) = \frac{U_0(s)}{U_i(s)} = K$$

（二）积分环节

比如电容：

$$G(s) = \frac{U_0(s)}{I(s)} = \frac{1}{Ts}$$

（三）微分环节

比如电感：

$$G(s) = Ts$$

（四）惯性环节

比如 $R\text{-}C$ 电路：

$$G(s) = \frac{1}{Ts + 1}$$

（五）振荡环节

比如电枢控制的直流电动机：

$$G(s) = \frac{\omega_n^2}{S^2 + 2\xi\omega_n s + \omega_n^2}$$

（六）延迟环节

$$G(s) = e^{-T_0 S}$$

上述几种是控制系统元部件的输入-输出关系。

四、传递函数的方框图

为了形象地研究系统，自动控制系统中广泛使用方框图。

（一）方框图的四个要素

方框图的四个要素如图 6-8 所示。

（1）信号线。信号线即用箭头表示信号传递方向，在线上写出信号的时间函数或它的拉氏变换，见图 6-8a。

（2）引出点（分支点）。引出点表示把一个信号分路取出，因为仅表示取出信号，而不取出能量，所以信号量并不减少，见图 6-8b。

（3）综合点（相加点）。综合点表示两个信号的代数相加，见图 6-8c。

（4）环节。环节接受信号，并把这信号变换成它信号。在方框中写上环节的传递函数，见图 6-8d。

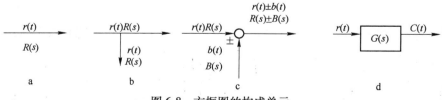

图 6-8　方框图的构成单元

a—信号线；b—引出点；c—综合点；d—环节

（二）方框图的性质

1. 串联

图 6-9a 表示两个环节 $G_1(s)$ 和 $G_2(s)$ 的串联，由图知：

$$C(s) = V(s)G_2(s) = R(s)G_1(s)G_2(s)$$

即：
$$G(s) = \frac{C(s)}{R(s)} = G_1(s)G_2(s)$$

所以，串联连接的等效传递函数等于各传递函数的乘积（图 6-9b）。

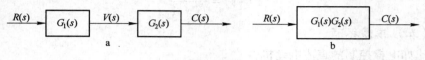

图 6-9　串联

2. 并联

图 6-10a 表示两个环节的并联。

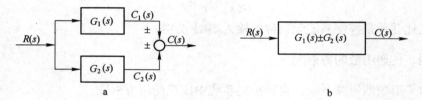

图 6-10　并联

由 6-10 图知：
$$C_1(s) = R(s)G_1(s)$$
$$C_2(s) = R(s)G_2(s)$$
$$C(s) = C_1(s) \pm C_2(s) = R(s)[G_1(s) \pm G_2(s)]$$

所以：
$$G(s) = \frac{C(s)}{R(s)} = G_1(s) \pm G_2(s)$$

并联连接的等效传递函数等于各传递函数的代数和（图 6-10b）。

3. 反馈连接

图 6-11a 表示了反馈连接，图中"+"、"–"分别表示正反馈和负反馈。

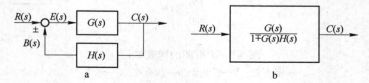

图 6-11　反馈连接

由图 6-11 知：
$$C(s) = G(s)E(s) \qquad ①$$

$$E(s) = R(s) \pm B(s) \qquad \text{②}$$

$$B(s) = H(s)C(s) \qquad \text{③}$$

将式②、式③代入式①，得：

$$C(s) = \frac{R(s)G(s)}{1 \mp G(s)H(s)}$$

即：

$$\phi(s) = \frac{C(s)}{R(s)} = \frac{G(s)}{1 \mp G(s)H(s)}$$

$\phi(s)$ 称为闭环传递函数，见图 6-11b。图 6-11a 中从 $R(s) \rightarrow G(s) \rightarrow C(s)$ 这条通道称为前向通道，从 $C(s) \rightarrow H(s) \rightarrow B(s)$ 这条通道称为反馈通道。$G(s)H(s)$ 称为开环传递函数，所以：

$$\phi(s) = \frac{G(s)}{1 \mp G(s)H(s)}$$

式中，$G(s)$ 为前向通道的传递函数；$G(s)H(s)$ 为开环传递函数。

当反馈控制系统的 $H(s) = 1$ 时（图 6-12），称为单位反馈控制系统。

由图 6-12 知，在负反馈时

$$E(s) = R(s) - B(s)$$
$$= R(s) - C(s)H(s)$$
$$= R(s)\left[1 - \frac{G(s)}{1 + G(s)H(s)}H(s)\right] = R(s)\frac{1}{1 + G(s)H(s)}$$

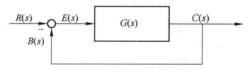

图 6-12 单位反馈控制系统

五、方框图的等效变换

下面依据等效原理推导结构图变换的一般规则。所谓"等效"，就是不论结构图图形如何变化，变化前后有关变量之间的传递函数保持不变。

（1）各支路信号相加减与加减的次序无关。相邻相加点之间可以互相变位，即相加点和相加点之间可以相互越过。如图 6-13 所示，等效前后移动不会影响总输入、输出信号。

图 6-13 相邻相加点之间的等效变换

（2）在线路中引出支路与引出的次序无关。若干个相邻引出点，表明同一个信号输出到不同的地方去。因此，引出点之间相互交换位置，不会改变引出信号的性质，如图 6-14 所示。

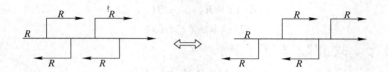

图 6-14　引出点之间的等效变换

（3）线路中的负号可前后移动，并可越过方块，但不能越过相加点和分支点。图 6-15a 为变换前的方块图，图 6-15b 为变换后的方块图，两者完全等效。

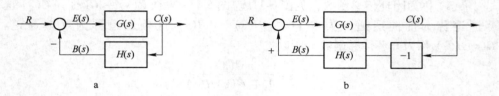

图 6-15　负号的等效变换

（4）相加点的移动。在方块图的变换中，常常需要改变相加点的位置。相加点移动总的规则是相加点可以越过方块，但不能越过分支点，越过方块分为以下两种情况。

1）相加点后移。将一个相加点从一个函数方块的输入端移到输出端称为后移。图 6-16a 为变换前的方块图，图 6-16b 为相加点后移后的方块图。

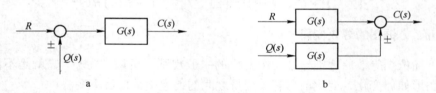

图 6-16　相加点后移的等效变换

移动前：

$$C(s) = (R(s) \pm Q(s)) \times G(s)$$

移动后：

$$C(s) = R(s) \times G(s) \pm Q(s) \times G(s)$$

两者完全等效。

结论：相加点后移，必须在移动的相加支路中乘以（串入）越过的传递函数；相加点后移时，相加点可以越过方块，但不能越过分支点。

2）相加点前移。将一个相加点从一个函数方块的输出端移到输入端称为前移。图 6-17a 为变换前的方块图，图 6-17b 为相加点前移后的方块图。

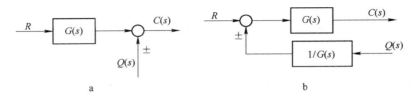

图 6-17 相加点前移的等效变换

原结构图的信号关系为：

$$C(s) = R(s)\ G(s)\ \pm Q(s)$$

等效变换后的信号关系为：

$$C(s) = G(s) \left[R(s)\ \pm \frac{1}{G(s)} Q(s) \right] = R(s)\ G(s)\ \pm Q(s)$$

结论：相加点前移，必须在移动的相加支路中除以越过的传递函数或串入相同传递函数的倒数；相加点前移时，相加点可以越过方块，但不能越过分支点。

（5）分支点的移动。分支点移动的总规则是分支点可以越过方块，但不能越过相加点，越过方块也分为以下两种情况：

1）分支点前移。分支点的前移与相加点的后移类似。图 6-18a 为变换前的方块图，图 6-18b 为分支点前移后的方块图。

图 6-18 分支点前移的等效变换

结论：分支点前移，必须在移动的分支支路中乘以（串入）越过的传递函数。

2）分支点后移。分支点的后移与相加点的前移类似。图 6-19a 为变换前的方块图，图 6-19b 为分支点后移后的方块图。

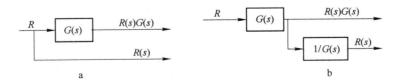

图 6-19 分支点后移的等效变换

结论：分支点后移，必须在移动的分支支路中除以越过的传递函数或串入相同传递函数的倒数。

注意：分支点的移动，可以越过方块，但不能越过相加点。

总结：

（1）两个不越过：1）相加点和分支点不能相互越过（一般情况）；2）负号不能越过分支点和相加点。

（2）两个越过：1）相加点和相加点可以相互越过；2）分支点和分支点可以相互越过。

表 6-1 列出了方块图等效变换的基本规则。

表 6-1　方块图等效变换基本规则

变换方式	原结构图	等效结构图	等效运算关系
串联			$C(s) = G_1(s)G_2(s)R(s)$
并联			$C(s) = \left[G_1(s) \pm G_2(s)\right]R(s)$
反馈			$C(s) = \dfrac{G(s)R(s)}{1 \mp G(s)H(s)}$
相加点前移			$C(s) = R(s)G(s) \pm Q(s)$ $\quad = \left[R(s) \pm \dfrac{Q(s)}{G(s)}\right]G(s)$
相加点后移			$C(s) = \left[R(s) \pm Q(s)\right]G(s)$ $\quad = R(s)G(s) \pm Q(s)G(s)$
分支点前移			$C(s) = G(s)R(s)$
分支点后移			$R(s) = R(s)G(s)\dfrac{1}{G(s)}$ $C(s) = G(s)R(s)$
相加点与分支点之间的移动（很少用）			$C(s) = R_1(s) - R_2(s)$

有了上述运算规则，复杂方块图，经过重新排列和组合后，可以得到简化。在简化过程中，一般采取的方法是移动分支点和相加点，交换相加点，减少内反馈回路。

例 6-1 求如图 6-20 所示系统的闭环传递函数。

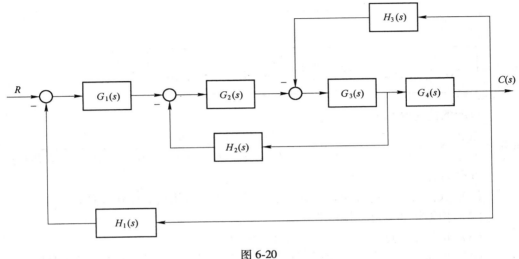

图 6-20

解：

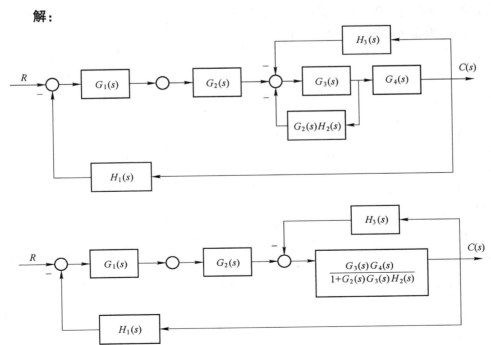

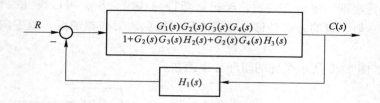

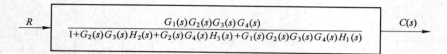

系统的传递函数为：

$$\phi(s) = \frac{C(s)}{R(s)} = \frac{G_1(s)\ G_2(s)\ G_3(s)\ G_4(s)}{1 + G_2(s)\ G_3(s)\ H_2(s)\ +\ G_2(s)\ G_4(s)\ H_3(s)\ +\ G_1(s)\ G_2(s)\ G_3(s)\ G_4(s)\ H_1(s)}$$

方框图的等效变换总结：

（1）三种典型结构（串联、并联和反馈）可直接用公式简化计算；

（2）相邻相加点可互换位置，合并，分解；

（3）相邻分支点可互换位置，合并，分解；

（4）相加点与分支点移动时要向同类移动，即相加点移动后要与其他相加点相邻，分支点移动后要与其他分支点相邻；

（5）相邻的相加点与分支点不能互换。

第七章　开关量控制系统

在火力发电厂生产过程自动化中，除连续量的调节外，开关量的控制也是一个重要的方面。所谓开关量，就是只有两种状态的量。例如，电机的启动或停止，阀门的开启或关闭，自动调节器的投入或切除等都是开关量。开关量控制是有别于模拟量控制的一种以逻辑代数为基础发展起来的逻辑控制技术。它包括顺序控制、自动保护以及设备的自动启停或开关操作。在《火力发电厂热工自动化术语》（DL/T 701—1999）是这么定义开关量控制系统的："实现机、炉、电及其辅助设备启、停或开、关的操作的总称及对某一工艺系统或主要辅机按一定规律进行控制的控制系统，包括顺序控制系统。"其英文名称为"on-off control system"，简称OCS。

传统的开关量控制是通过以继电器为主体构成的控制回路实现上述功能的，通过固定配线方式实现动作的过程执行，现在我们通常称为硬（接线）回路。随着计算机技术的发展，新型控制器和控制系统的诞生，如可编程控制器和分布式控制系统，把逻辑回路的实现步骤记忆在存储器中，我们通常称为软（逻辑）回路。因为计算机控制器中的逻辑修改非常方便，硬件的构成不再依赖特定的过程或顺序，所以这样的控制器可以批量生产，在机械、冶金、化工、电力、轻纺等领域得到广泛的运用，极大地推动了社会生产力的进步。

在火力发电厂的复杂生产过程中，开关量状态的改变不是任意的，而是要在有关输入信号的控制下按一定的规律改变。我们把这种按一定的次序条件和时间要求，对工艺系统中各有关对象进行自动控制的技术称为顺序控制，也称程序控制。完成顺序控制功能的设备就是顺序控制装置，或叫程序控制器。

第一节　顺序控制基础

一、什么是顺序控制

顺序控制有开环控制和闭环控制两种。采用顺序控制时，应将复杂的热力生产过程划分为若干个局部可控系统，配以适当的顺序控制装置，通过它的逻辑控制电路发出操作命令，局部可控系统中的有关被控对象按照启停和运行规律自动地完成操作任务。

　　随着大容量机组的发展，顺序控制在火电厂的应用越来越广。归纳起来主要有以下几个方面，化学水处理系统、输煤系统、锅炉燃烧系统、汽轮机组自动启停系统、机炉辅助系统、输灰系统等的顺序控制。

二、顺序控制技术中常用的概念

（一）功能组

　　火电厂的热力生产过程很复杂，在进行程序控制时，必须按局部功能将其划分为若干局部可控系统，每个系统中包括组合在一起的若干关系紧密的操作项目，称为程序控制的功能组。

（二）控制范围

　　控制范围是指包括在同一功能组内的被控制对象的范围。从火电厂应用程序控制的情况来看，控制范围的差别是很大的，小型控制系统仅包括五六个被控制对象，大型控制系统的被控对象可达一二百个。因此在设计一个顺序控制系统时，首先应确定它的控制范围，对一个控制范围较大，包含操作项目数量较多，操作过程较复杂的顺序控制，要设计和配备专门的顺序控制装置来完成控制任务。

（三）功能表图

　　功能表图用以全面描述控制系统的控制过程、功能和特性，可适用于电气控制系统，也可以用于非电控制系统（如气动、液动和机械的控制系统），而不涉及系统所采用的具体技术。

（四）被控系统

　　被控系统指执行实际过程的操作设备。通常一个控制系统可以分为两个相互依赖的部分，即被控系统和施控系统。

（五）施控系统

　　施控系统是接受来自操作者、过程等的信号并给被控制系统发出命令的设备。施控系统的输入由操作者命令或前级施控系统的命令以及被控系统的反馈信号组成。输出包括送往操作者或前级施控系统的信号以及送至被控系统的命令。

（六）步（程序步）

　　对于一个过程循环，可以将其分解成若干个清晰连续的阶段，称为"步"，步和步之间由"转换"分隔。当两步之间的转换条件得到满足时，转换得以实现，即上一步的活动结束而下一步的活动开始、持续或结束。

（七）活动步与非活动步

　　在控制过程进展的某一个给定时刻，一个步可以是活动的或非活动的。当步处于活动状态时，称为"活动步"，可以用二进制变量的逻辑值"1"表示；当一个步处于非活动状态时，称为"非活动步"，可以用二进制变量的逻辑值"0"表示。当一个步处于活动状态时，相应的命令或动作即被执行；对施控系统来说，一个活动步能导致一个或数个命令，而对被控系统，一个活动步则导致一个或数个动作。

（八）有向连线

步之间的进展用有方向的连线表示，它将步连接到转换并将转换连接到下一步。

（九）转换

步的活动状态的进展，由一个或多个转换的实现来完成，并与控制过程的发展相对应。转换的符号是一根短划线，通过有向连线与有关步符号相连。

（十）转换条件

转换条件是指与每个转换相关的逻辑命题。如果存在一个相应的逻辑变量，则当转换条件为"真"时其值等于"1"。转换条件可以采用三种方式表示：文字语句、逻辑表达式和图形符号。

（十一）单序列（串行程序）

步之间的进展可以有多种基本结构，单序列是其中最简单的一种，它由一系列相继激活的步组成。作为功能表图的例子，单序列结构如图 7-1 所示，图中方框是步符号，步 03 到 04 间为有向连线，上面的短线表示转换，c 和 d 为转换条件，长框是命令或动作，该功能表图表明，只有在步 03 处于活动状态（$x03 = 1$，x 表示二进制变量）并且与转换相关的逻辑转换条件 c 为"真"（$c = 1$）时，才会发生由步 03 到步 04 的进步。

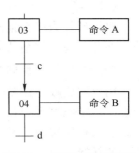

图 7-1　单序列功能表图

（十二）操作条件

操作条件也称一次判据，转换条件之一，为某一步活动之前所具备的各种先决条件。当操作条件满足，就允许施控系统发生操作命令，实行预定的操作。

（十三）回报信号

回报信号也称二次判据，转换条件之一，当某一步为活动时，被控系统完成该项目操作之后，返回给施控系统的反馈信号，用以检查操作命令的执行情况，并且，在步的转换中，回报信号也有可能作为下一步的转换条件，用以判断下一步的进展。

（十四）联锁条件

它是使被控对象进行操作的条件，在被控对象的控制电路中可以接入联锁条件，当联锁条件出现时，应立即操作被控对象。

（十五）闭锁条件

它是不允许被控对象进行操作的条件。在被控对象的控制电路中也可以接入闭锁条件，当闭锁条件存在时，应立即停止操作被控对象。反过来说，只有当闭锁条件不存在之后，才具备了操作被控对象的可能。

（十六）联动控制

联动控制也称联锁操作，简单程控。它是根据控制对象间的简单逻辑关系，利用联锁条件和闭锁条件，将被控对象的控制电路按要求相互联系在一起，形成某些特定的逻辑关系，从而实现自动操作的一种控制方式。它适用于控制范围小，操作项目少，操作步少的被控对象。

（十七）信号转化部件

信号转化部件是为适应现场各种不同控制的要求而装设的电-电转换（如功率放大）、电-气转换或电-液转换设备。

（十八）执行部件

执行部件为接受施控系统中的主要自动化装置，它的构成主要有三部分，即输入部分、逻辑控制部分和输出部分。

（十九）顺序控制系统

用以完成顺序控制过程的所有装置和部件，总称为顺序控制系统，简称程控系统，包括施控系统和被控系统。它具备两个最基本的功能：一是按程序进展由活动步执行所规定的操作项目和操作量，二是在上一步完成后，根据转换条件进行步的转换。

在顺序控制系统中，其核心是顺序控制装置，它的操作显示部分是主要的人机联系部分，操作条件的检测部件和回报信号的检测部件用于发送开关量信号，并输出到顺序控制装置的输出部分。信号转换部件和执行部件用于接受顺序控制装置输出的开关量（操作命令），直接操作被控对象按规定的要求动作。除程序控制装置以外，其余部件一般都装设在现场，因此通常称为外部设备或现场设备。

由上述可知，一个顺序控制系统所能达到的水平，主要取决于下列三个方面：首先是主设备（被控对象）的可控性；其次是外部设备所具有的功能；第三是程控装置所能达到的设计功能水平。为了提高顺序控制系统的控制水平，这三个方面的工作都不能忽视。应使它们有机地联系起来，对各方面的因素进行统一而全面的考虑，才能达到提高控制水平的目的。

第二节　顺序控制系统和装置的分类

顺序控制技术在工业生产过程中有着非常广泛的应用，各种顺序控制系统的构成方式、程序步的转换、逻辑控制原理等有着很大的差别，顺序控制装置的类型以及用来构成控制装置的逻辑元件和器件的种类繁多，各种装置的接线方式和程序可变性也不相同。下面分别从这些方面简介顺序控制系统和装置的分类。

一、按系统构成方式分类

（一）开环系统工作方式

在顺序控制系统工作的过程中，施控系统发出操作命令以后，不需要把被控对象执行后的回报信号反馈给施控系统，施控系统仍能自动使程序进行下去，这就是开环系统工作方式。回报信号仅作为运行人员的监视量，送到控制盘上。例如，化学水处理顺序控制系统中，阀门的开闭，水泵的启停通常是按时间顺序操作的，不需要阀位或过程参数等回报信号。

（二）闭环系统工作方式

施控系统发出操作命令以后，要求把被控对象执行完成后的回报信号反馈给施控系统，施控系统必须依据这些输入信号控制程序的进行，这就是闭环系统工作方式。

一般说，闭环系统工作方式较之开环系统工作方式，其线路结构要复杂，设计、调整工作也较大，技术上实现起来较为困难，但其控制的准确度较高，运行的经济性较好，在牵涉面很广的许多复杂的热力过程中，为保证设备在自动操作时的高可靠性，多利用闭环系统工作方式。

二、按程序步转换条件分类

（一）按时间转换

根据时间进行程序步转换的控制系统采用开环工作方式。施控系统主要由时间发讯部件（延时续电器、电气机械式的或电子式的）构成，并按时间顺序发出操作命令，程序步的转换完全依据时间而定。

（二）按条件转换

根据条件进行程序步转换的控制系统采用闭环工作方式。对某一程序步，操作前应准备充分的条件（称为操作条件），在条件满足的情况下，才能够执行该程序步的操作。操作已完成的条件称为回报信号，回报信号反馈到施控系统，作为进行下一步操作的判据。因此，在程序进展过程中，程序步的转换是依据条件而定的。

（三）混合式转换

有的顺序控制系统，其某些程序步的转换是根据时间而定的，有些程序步转换则根据条件而定，为一种混合式转换。混合式转换通常采用闭环工作方式，时间信号来自计时器，相当于一个"时间"条件，计时时间到达的回报信号要求反馈给施控系统。

三、按逻辑控制原理分类

（一）时间程序式

按照预先设定的时间顺序进行控制，每一程序步有严格的固定时间，采用专门的时间发讯部件顺序发出时间信号。

（二）基本逻辑式

采用基本的"与"门、"或"门、"非"门、触发电路、延时电路等逻辑电路构成具有一定的逻辑控制功能的电路，当输入信号符合预定的逻辑运算关系时，响应的输出信号成立，给出相应的输出信号。即基本逻辑式电路在任何时刻所产生的输出信号仅仅是该时刻电路输入信号的逻辑函数。

图 7-2 是继电器基本逻辑式控制电路图。由图 7-2 中可以看出，当输入信号触点 K4、K5 和 K6 的状态满足逻辑条件时，输出继电器 K1、K2、K3 就会分别吸合，发出信号给执行部件，去操作各自的被控对象动作。

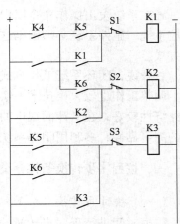

从图 7-2 中还可以看出，输出继电器 K1、K2、K3 的动合触点分别并联在各自的输入信号的触点上，在控制电路中，把这种情况称为自保持，或自锁。这是因为当输出继电器一旦吸合，该动合触点也闭合，这样不论原输入信号的触点是否断开，都将继续保持继电器的吸合状态，保证在输入信号作用时间短于被控对象所要求的动作时间的情况下，延长输出继电器

图 7-2   继电器基本逻辑式电路图

的吸合时间，以满足被控对象的操作要求。另外，图 7-2 中 S1、S2、S3 为被控对象动作完成后的回报信号（或是动作完成后引起过程参数变化而发送出的开关量信号）。以 K1 为例来说，当 K1 控制的被控对象动作完成后，S1 触点断开，输出继电器 K1 释放。控制电路中接入这样的信号触点，可以使输出继电器的吸合时间与被控对象的操作时间相配合，减少无用功。

（三）步进式

整个步进式控制电路分为若干个程序步电路，在任何时刻只要一个程序步电路在工作。步的进展是由程控装置的步进环节（步进电路或专用的步进器）实现的，步进环节根据操作条件、回报信号或设定的时间依次发出程序步的转换信号，因此程序步的进展具有明显的顺序关系，即步进式电路的每个程序步多产生的输出信号不仅取决于当时的输入信号，且与上一步的输出信号有关。

图 7-3 为继电器步进式控制电路图。图中，K6、K7、K8 是各步的操作条件，K5 是控制电路启动继电器的触点。在发出启动命令后，该继电器的触点短时闭合。此后，输出继电器 K1、K2、K3 自动按顺序输出操作命令，步的转换取决于上一步的动作完成后的回报信号 S1、S2、S3。如当 K1 吸合后，动断触点 K4、K3、K2 和动合触点 K1 的串联电路自保持，同时输出操作命令。第一步动作完成后 S1 闭合，输出继电器 K2 吸合，第二步开始动作。同时动断触点 K2 断开，切断 K1 的自保持电路，使继电器 K1 释放，第一步停止输出操作命令。K4 为复归继电器，用于 K3 复归。

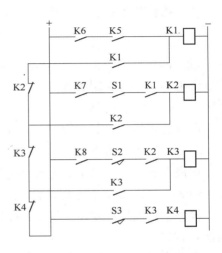

图 7-3　继电器步进式控制电路图

四、按程序可变性分类

（一）固定程序方式

根据预定的控制程序将继电器或固态逻辑元件等用硬接线方式（导线或印刷电路）连接，构成完整的系统，完成规定的程序动作，称为固定程序方式，它仅适用于操作规律不变的程序控制系统，控制装置是专用的。当需要变更控制程序时，只能用更换元件和改变接线加以适应，因此程序的可变性差。但由于电厂热力生产过程的各个局部工艺系统都具有自身的特殊性，许多程控装置的针对性很强，所以这种方式应用较广泛。

（二）矩阵式可变程序方式

矩阵式可变程序方式利用二极管构成矩阵逻辑，来满足控制程序的要求，它适用于不同操作规律的程序控制系统，控制装置具有一定的灵活性和通用性。当要求变更程序时，只要改变二极管在矩阵上的插焊位置即可实现，不需要改变装置原来的固定接线部分，因此程序的改变较为灵活。但结构也要复杂一些，元件也会有一定的增加。

（三）可编程序方式

可编程序方式使用软件编程，将程序输入微型机或可编程序控制器，以满足不同控制程序的要求。它可用于各种操作规律的程序控制系统，控制装置具有很大的灵活性和通用性。当要求变更控制程序时，只要修改所编制的软件程序即可适应，因此程序的改变十分灵活。

五、按使用逻辑器件分类

（一）继电器逻辑

继电器控制逻辑始于 20 世纪 40 年代，是一种古老的逻辑控制器件，可用于构成继电器式程序控制装置。

（二）晶体管逻辑

晶体管逻辑是以晶体管分立元件数字逻辑电路为主而构成的程序控制装置。

（三）集成电路逻辑

集成电路逻辑是以集成化数字逻辑电路为主而构成的程序控制装置。

（四）可编程程序控制逻辑

控制逻辑以软件实现，主要的硬件由集成电路的微型计算机（或可编程序控制器）构成。

总的来说，对于顺序控制装置中所使用的逻辑控制器件，可分为两大类型：一类为老式的逻辑控制器件继电器，称为有触点控制逻辑（此后还发展了一类电器机械组合的机电式程序控制器，也称为有触点控制逻辑，现在已经较少使用）；另一类为随着电子技术的发展而形成的固态逻辑器件，称为无触点控制逻辑。目前，这两类器件在火电厂顺序控制装置中的应用处于相互并存的阶段。

目前在火电厂中应用广泛的顺序控制装置和系统的概况为：采用继电器、固态逻辑器件为主构成的专用控制装置，并逐步发展应用可编程序控制器，逻辑控制原理主要是基本逻辑式的和步进式的；程序步大多按条件进行转换；顺序控制系统主要采用闭环工作方式。

第三节　开关量发送基本原理

一个完整的顺序控制系统是将直接测量得到的开关量信号或将由模拟量信号转换来的开关量信号输入到施控系统，施控系统按照生产过程操作规律所规定的逻辑关系，对这些信号进行综合与判断，然后输出开关量信号去指挥被控系统工作，完成生产过程所要求的操作控制。

模拟量由常规变送器测量，再经过诸如差值转换器、限幅报警器、累积报警器或二次仪表的触点转换成开关量。在顺序控制装置的输入部分设置转换电路也可获得开关量信号。

这里只简要介绍直接把热工参量或机械量转化为开关量信号输出的测量设备，即开关量发送器。它是为顺序控制装置提供操作条件和回报信号的部件。发送器的结构简单，造价低廉，体积小，中间转换环节少，可靠性高，因此被广泛地应用在开关量控制系统中。

开关量发送器的基本工作原理是将被测参数的限定值转换为触点信号，并按程序控制系统的要求给出规定电平（也可由程序控制装置的输入部分转换为规定电平），其电源通常由顺序控制装置供给。

开关量发送器的检测量是压力、温度等物理量，输出是开关量触点信号或电平。一般说来，发送器的触点闭合或输出高电平称为有信号状态，触点断开或输出低电平称为无信号状态。由于开关量发送器触点的闭合或断开是在瞬间完成的，具有继电特性，因此也可称它为继电器，如压力继电器、温度继电器等。实质上开关量发送器就是一种受控于压力或温度等参数的开关，因而也可以称为压力开关、温度开关等。

当被测参数上升（或下降）到达某一规定值时，开关量发送器输出触点的状态发生改变，这个规定值称为它的动作值。输出触点的状态改变之后，在被测参数重又下降（或上升）到达原动作值或比原动作值稍小（或稍大）的另一个数值时触点恢复原来的状态，这个值称为复原值。输出触点的动作值和复原值之差称为差值。动作值和差值一般可根据需要调整，但是有些发送器的这两个参数在制作时就固定了，不能调整。有的发送器不设动作值，如液流发送器只发出液流有无的开关信号。

开关量发送器主要的品种有行程（位置）开关、压力开关和压差开关、流量开关、液位开关、温度开关等。

一、行程开关

行程开关采用直接接触的方法测量物体的机械位移量，以获得行程信息。行程开关的核心是微动开关。微动开关在其他开关量变送器中也得到广泛的应用。因此，下面首先讨论微动开关的工作原理。微动开关是利用微小的位移量完成开关触点切换的，其基本工作原理基于弹簧蓄能后产生的突然变形，如图 7-4 所示。

将铍青铜弹簧片的一端切成三股，其中两股的端部固定而中间一股可动，是开关的受力片。自受力片的端部向弹簧片轴向施加一个压力，而且这个力在开关的工作过程中一直是存在的，如图 7-4a 所示。弹簧片的另一端，即弹簧片的自

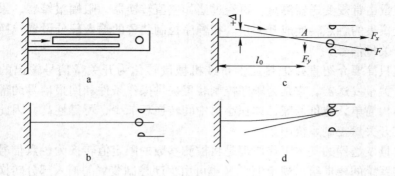

图 7-4　微动开关的工作原理

a，b—微动开关的两个视图；c—受力片向上位移；d—受力片向下位移

由端嵌着开关的动触点。当受力片处于水平位置时，开关的动触点不与任何触点接触。对弹簧片轴向施加的力除了使弹簧片产生少量变形外没有任何影响，如图 7-4b 所示。但是，当受力片的端部向上移动离开水平位置时，由于受力片端部的微小位移 $+\Delta$，轴向力 F 经受力片的传递而作用在弹簧片的 A 点处。轴向力 F 的水平分量 F_x 仍然使弹簧片受到一个张力。弹簧片保持与原有相近的拉伸变形。垂直分量 F_y 正比于位移量 Δ 的大小，使弹簧片受到一个顺时针方向的弯矩：$M = F_y \times l_0$，这个弯矩使弹簧片产生向下弯曲的弹性变形。由于没有受到任何反抗，这个弯矩会使弹簧片的自由端迅速下移，使动触点与下部的静触点接触，如图 7-4c 所示。在触点接触后，弹簧片受轴向力垂直分量 F_y 的作用会使触点之间具有一定的压力。这个接触压力使触点的接触电阻减小，保证触点的接触良好。

如果将受力片端部下移，当受力片的轴线低于弹簧片的轴线后，由于反向的位移 $-\Delta$，产生逆时针方向的弯矩。同理，受力片轴向力 F 的垂直分量 F_y 将会迫使动触点迅速向上运动。并和上部静触点接触，如图 7-4d 所示。

同样的，这时受力片的轴向力使触点的接触压力增大，以保证接触良好。从上述基本工作原理可以看出，微动开关的触点是速动的。速动的触点不仅可以削弱电弧的形成过程，减小触点断开时的火花，还可以增加触点接触时的初压力。这个初压力有助于压破触点表面的氧化膜，使触点的接触电阻减小。此外，还可以防止触点接触瞬间可能产生的弹跳现象。

微动开关的典型结构如图 7-5 所示。图 7-5a 所示的微动开关具有一对转换触点，图 7-5b 所示的开关具有一对常开触点和一对常闭触点。弹簧片的加力片受力端抵在滑块上，滑块由按钮带动。由于弹簧片是具有波纹的，所以可以保证滑块始终有一个力施加在加力片的轴向。这个力一方面使动触点紧压在下部的静触点上，另一方面又使滑块位于最上方。按下按钮，使滑块向下移动，加力片受的

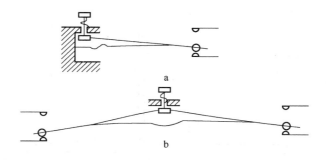

图 7-5　微动开关的典型结构
a—具有一对转换触点；b—具有一对常开触点和一对常闭触点

轴向力增大。由于这个力作用在动触点上是指向下方的，所以不会使弹簧片的形状改变。直到滑块向下移动到加力片的轴线刚刚低于弹簧片的轴线，作用在动触点上的力迅速由指向下方转变为指向上方。这个力使弹簧片的形状改变，自由端迅速跳向上方，动触点迅速离开下部静触点并和上部静触点接触，这时加力片的轴向力又使动触点能紧压在上部的静触点上。当放开按钮时，上述整个工作过程将按反方向进行，按钮下面的弹簧使按钮复位，使动触点又迅速离开上部静触点，并重新和下部静触点接触，开关又恢复到原来的状态。

改变弹簧片的初始形状，可以使它本身就具有使动触点压向下部静触点的初始力。这样做使得开关只有一个稳定状态，就是动触点和下部静触点接触的初始状态。按下按钮时，触点的状态改变，放开按钮后，不需其他弹簧（图 7-5 中按钮下部的螺旋形压缩弹簧）的帮助弹簧片就会自动恢复到初始状态。微动开关的动作存在一定的死区。也就是说，按下开关的按钮到某一位置时，微动开关动作，触点状态转换；释放按钮，按钮升到原来开关动作的位置时，触点并不复位，按钮必须继续上升到另一位置触点才会恢复原始状态。微动开关动作死区是由它的结构所造成的。当按下按钮触点转换后，弹簧片的形状改变，使弹簧片的轴线上移，释放按钮后，必须使弹簧片加力片的轴线高于弹簧片的轴线才能使弹簧片复位，因此形成了开关动作的死区，也就是前面所提到两个方向偏移量之和。微动开关动作死区的大小与开关的结构有关，常用开关的死区多在 1mm 以内。

二、压力开关

压力开关用来将被测压力转换为开关量信号，它的工作原理如图 7-6 所示。被测压力 P 送入测量元件转换为力 F_1，F_1 加在杠杆的右侧，复位弹簧 4 产生的拉力 F_2 加在杠杆的左侧，差值弹簧 5 产生的推力 F_3 也加在杠杆的左侧。但是差

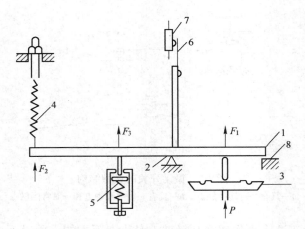

图 7-6 膜片式压力开关工作原理示意图
1—主杠杆；2—杠杆支点；3—测量元件；4—复位弹簧；
5—差值弹簧；6—缓冲弹簧片；7—微动开关；8—限位器

值弹簧的推力由于受到限位器 8 的限制，它只能在 $F_1 > F_2$ 时（分析时略去力臂的作用），杠杆作反时针方向偏转后才能加到杠杆上，因此在没有被测压力时，差值弹簧的上端被限位并与杠杆脱离。

当被测压力上升，产生的力 F_1 大于复位弹簧力与差值弹簧力之和 $F_2 + F_3$ 时，杠杆可以继续反时针偏转并使微动开关动作，送出开关量信号，当被测压力下降，产生的力 $F_1 < F_2 + F_3$ 时，杠杆顺时针偏转，偏转一定角度后差值弹簧产生的力 F_3 不起作用，如果 F_1 继续减少，当 $F_1 < F_2$ 时，杠杆继续顺时针偏转，直至微动开关复位。

由此可见，压力开关的动作值不小于复位值加上差值，而复位值则为复位弹簧的力。调整两个弹簧上面的调整螺钉，可以改变压力开关的动作压力值和复原压力值。

压力开关有高、中、低和微压压力开关等多种，测力机械多采用力平衡原理，测量元件有单膜片、双膜片、波纹管、弹簧管和大圆形橡胶膜等，可根据被测压力的高低选用合适的测量元件。

压差开关实际上是压力开关的一种，它和压力开关的区别仅是测量元件为双室的。

三、其他开关量发送器

（一）流量开关

在火电厂中，大部分蒸汽和水的流量都是采用节流方法测量的，利用孔板和喷嘴等已经标准化了的节流装置将流量值转换为压差值，并根据节流装置的流量-压差特性整定压差开关的流量动作值，即可得到流量的开关量信号。用节流装置和压差开关组成的流量开关主要用于精确度要求较高的场合。

此外，还有许多流体流动的工况并不需要用准确的流量值来反映，例如管道中所设滤网的堵塞信号、磨煤机的断煤信号、冷却水管道的断流信号、润滑油泵启动后有回油的信号等，这些流量的开关量可以采用更简单和更直接的方法取得。

管道中滤网的堵塞反映在滤网前后的压差增大，因此可以直接使用压差开关测量滤网前后的压差，当压差增大时，由压差开关送出滤网堵塞的信号。

磨煤机的断煤信号是由装在给煤机上的断煤开关提供的，断煤开关由一个可以绕轴摆动的挡板、连在轴端部的一块压板以及可由压板按压的微动开关组成。当存在煤流时，挡板被煤推起，带动轴和压板转动，这时微动开关不被压而断开；当煤断流时，挡板靠重力返回，带动压板按压微动开关，送出断煤信号。

为区别管道中水或油的流量有无，可以采用挡板式或浮子式流量开关，也称为液流信号器。流体通过流量开关时，推动挡板或浮子，它们的位移通过杠杆带动外部的微动开关动作，或者通过磁钢使外部的舌簧管的触点动作，从而发出开关量信号，用以判断管道中的液流是否存在。

（二）液位开关

常见的液位开关有两类：一类是浮子式的，另一类是电极式的。

浮子式的液位开关是利用液体对浮子的浮力来测量液位的，当液位变动达到一定数值时，浮子带动的磁钢将使外部的舌簧管触点动作，触点闭合送出开关量信号。

电极式的液位开关是利用液体的导电性来测量液位的。开关是一对上、下安置的电极，当容器内的液体没有触及上部电极时，电极之间的电阻极大，中间继电器线圈的电路不通，继电器处于释放状态。当液体的液位上升并触及上部电极时，液体的导电性使两个电极之间的电阻急剧降低，中间继电器线圈的电路导通，继电器吸合，它的触点送出液位的开关量信号。

利用平衡容器输出的压差值配合压差开关，可用来测量高温高压容器内的液体，输出开关量信号。

（三）温度开关

对于不同的温度测量范围，应选用结构不同的温度开关。在 0~100℃温度范围内，通常采用固体膨胀式的温度开关；在 100~250℃温度范围内，大多采用气体膨胀式的温度开关；对于 250℃以上的温度范围，则只能采用热电偶或热电阻温度计，经过测量变送器转换为模拟量电信号，再将电信号转换为开关量信号。

固体膨胀式温度开关的工作原理是，利用不同固体受热后长度变化的差别而产生位移，从而使触点动作，输出温度的开关量信号。例如，有一种温度开关是利用双金属片（黄铜片叠在钢片上）构成的，由于黄铜片的线膨胀系数较钢片大，在受热后，双金属片就会发生弯曲。当达到规定温度时，双金属片的自由端（温度开关的动触点）产生足够的位移，与固定的静触点断开，送出开关量信号。

气体膨胀式温度开关是按气体压力式温度计原理工作的。它有一个测温度包，内充氮气，通过密封毛细管接到压力开关的测量元件中。当被测温度达到规定值时，温度包内的充气压力使压力开关动作。

（四）料位开关

料位开关也称料位计，用于测量灰库、灰仓、灰斗中的料位。通过控制料位的高低，使其不致溢出或不足，从而保证生产的连续稳定。

对料位开关及传感器有以下的要求：

（1）抗恶劣环境的能力（卸料时料仓振动大，电磁干扰比较严重，浓度高，要求稳定工作，且体积小，质量轻，便于安装调试）；

（2）高可靠性和检修维护周期长；

（3）远距离信号传送与较低的设备投资。

料位计主要有用重力弹簧或水银开关发出接点信号的直感式、重锤式、电磁式、称重式和采用超声波以及 γ 射线的辐射式等。料位计种类繁多，应用原理及工作性能都有一定的差别。所以在使用时，应当根据料位计的特点，结合实际的使用情况选用。下面简单介绍其中的几种料位计。

1. 音叉料位计

音叉料位计由音叉、带隔离板的外壳、驱动压电元件、检测压电元件及内部电路等组成。压电元件贴在由特殊金属制作的音叉底部，利用逆压电效应将电振荡信号输入给驱动压电元件，使电信号转换为机械振动，并带动音叉振动。当输入的信号与音叉的固有频率一致时，音叉便发生共振。音叉的振动通过检测压电元件，在正压电效应的作用下，将机械信号变为电信号输出。音叉的共振频率与使用的材料及机械尺寸有关。

如果在机械振动的音叉上，注入粉料，则机械振动会马上停止，由检测压电元件输出的电信号立即失去。根据这一原理可以通过料位计检测出粉料的有无。音叉料位计有很高的灵敏度，即使在音叉的尖端加入非常小的负载，也会使音叉振动停止。

图 7-7 是音叉料位计内部电路框图。电路由振荡器、比较器和直流输出部分等组成。振荡器输出的振荡信号用于驱动音叉的振动，而比较器用于判断检测信号的有无，直流输出电路用来驱动执行机构工作。

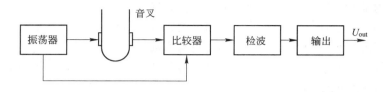

图 7-7　音叉料位计内部结构框图

整个料位计将音叉及电路组装在一起，音叉露在外面供在不同的条件下检测料位。料位计的体积很小，其主体尺寸仅为 30mm×27.5mm×22.5mm。除此之外，音叉料位计具有检测精度高、使用可靠等特点。它不仅适用于粉料的检测，而且还可以用于液体、粒状体等物料的料位检测。

2. 电容式料位计

电容式料位计是利用被测物料的介电常数与空气的介电常数不同的特点进行料位检测的，因此，被测物料不仅是液体，还可以是粉料或块状物料。

当电容式料位计的测定电极安装在罐的顶部时，这样在罐壁和测定电极之间就形成了一个电容器。当罐内放入被测物料时，由于被测物料介电常数的影响，料位计的电容量将发生变化，电容量变化的大小与被测物料放入罐内的高度有关，且成比例变化。检测出这种容量的变化就可以测定物料在罐内的高度。

假定罐内没有物料时的料位计静电电容为 C_0，放入物料后的静电电容为 C_1，则两者的电容差为：

$$\Delta C = C_1 - C_0$$

检测出这个差值，也就知道了被测物料的存在，因此电容式料位计也可制成检测物料有无的开关型料位计。这类料位计若安放在被控料位的上、下限处，当物料到达料位计设定位置时，料位计便可输出物料有无的信号，以便对进料装置进行控制。图 7-8 给出了电容式料位计的安装示意图。

对料位进行连续测量的料位计，可采用交流电桥法进行电容量变化的测量，以便从电容值上得到料位的高低。对于开关型料位计，可采用谐振电路法，以便从频率偏移上获得开关信号。

电容式料位计在使用中要注意，不要使物料下落时冲击料位计，若使用两个以上的料位计要防止互相干扰。

3. 超声波料位计

采用超声波进行料位检测，测量时不与物料接触，安装及维护均较简单，只需将换能器固定在仓顶上方即可，仅用一台主机就可对多个料仓进行料位检测，比多仓多机检测成本大大降低。

超声波料位检测的工作原理主要由超声波传感器和控制器两部分组成。传感器包括发射器和接收器，发射器向被测料位方向发射一组一组声脉冲，被物料的反射面反射，接收器接收回波信号。测量出一组脉冲发射与回波信号的时间 t，再把时间 t 乘以声速即可得到传感器与物料表面的距离 d。

空气中的声速为：$v=330\text{m/s}$；

超声波在空气中的传播的路程为：$S=v\times t$；

传感器与物料表面的距离为：$d=S/2=v\times t/2$。

超声波料位计的电路由两部分组成，第一部分包括电超声波发声器、功率放大器、控制电路、可控增益放大器、选频器、鉴频器、电压比

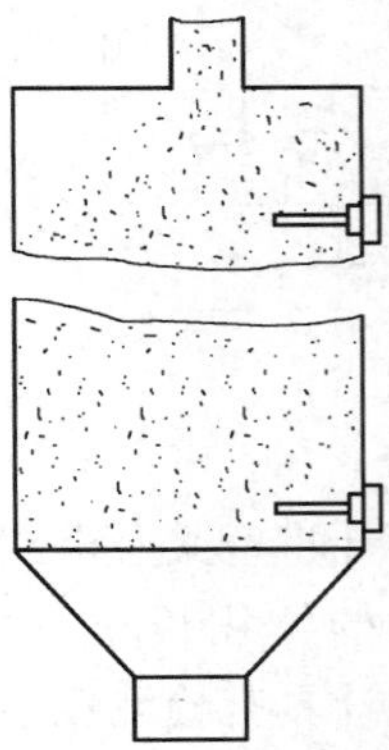

图7-8　电容式料位计的安装示意图

较器、温度信号放大器和噪声处理器；第二部分是单片计算机系统。

控制电路产生发射脉冲，使电超声波发生器每400ms输出一次，每一次输出大约40个超声波周期，超声波频率为20kHz。电超声波信号一经功率放大器放大后，驱动换能器发射超声波。同时发射脉冲被送入计算机。

回波信号经二极管限幅后，被可控增益放大器放大，再经选频器、鉴频器、电压比较器后，得到接收脉冲。超声波料位计在各种环境下运行可靠，结构简单，便于安装，故障少，并且操作容易，使用方便。物位检测信号纳入程序控制后，操作人员能在操作室通过控制器数码显示，掌握料仓物位，达到自动卸料的目的。

4. γ射线连续料位计

γ射线连续料位计的基本原理是利用 γ射线通过物质时强度减弱的规律性，将 ^{137}Cs 或 ^{67}Co γ射线点源放在被测装置一端，另一端以长圆柱形电离室探测器测量穿过被测物料的射线强度。当料位高度连续变化时，探测器被物料的屏蔽程度也随之变化，即到达探测器处的 γ射线总强度发生变化。测量探测器输出电流 I_{out}，即可测定被测物料在容器内的料位高度 H。通过 γ源、物料及探测器的几何位置，可以严格推定 I_{out} 与 H 的关系。利用这种关系，可以编制出通用程序，从而可以计算出各种条件下的 $I_{\text{out}}\sim H$ 的关系。

这种连续料位计对界面明显的液体测量精度较高，对界面有起伏的固体效果稍差些。

5. 射频导纳料位计

这是当前应用较广的料位计，如图7-9所示，突出的优点是抗物料黏附。探头上有保护电极和测量电极。射频导纳料位计是利用相移技术来检测料仓内有无

物料。该料位计同一轴线上有两组电极，前端为测量电极，后部为保护电极。内部电子线路产生一个高频正弦波信号（射频）。这个高频振荡信号一路送到测量电极，另一路经过一个电压跟随器，送到防黏附的保护电极。两个电极上信号大小和相位都一样，却又相互独立。测量极的信号和相位参与控制和报警，保护极上的信号和相位不参与控制。当物料黏附在料位计的探头上，探头被黏附物料的部分相当于无数个无穷小的电容和电阻，以导纳的形式存在，保护电极的功能是使测量电极上的高频信号无法通过物料黏附层流向金属仓壁，因此消除了探头上因为黏附了物料而导致的误动作。

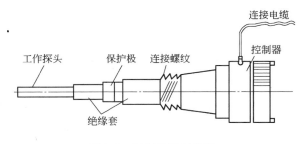

图 7-9　射频导纳料位计

射频导纳料位计在线调整时主要是根据物料的介电常数作为灵敏度调节的依据。当金属料仓中储存的粉体改变时，因控制灵敏度不同，调整工作必须随之改变。在料仓内有较强的充气松料流化的场合，射频导纳料位计可能会出现误动作。

第四节　气动执行器

在自动控制过程中，执行器接受调节器的指令信号，经执行机构将其转换成相应的角位移或直线位移，去操纵调节机构，改变被控对象进、出的能量或物料，以实现自动控制。在任何控制系统中，执行器是必不可少的组成部分。

执行器由执行机构和调节机构组成，执行机构是指产生推力或位移的装置，调节机构是指直接改变能量或物料输送量的装置，通常指调节阀。执行器按其使用的能源可分为气动、电动和液动三大类。

以压缩空气为动力的执行器，称为气动执行器，其具有结构简单、动作可靠、性能稳定、输出力大、维护方便和防火防爆等优点。它不仅能与气动单元组合仪表配套使用，而且通过电-气转换器或电-气阀门定位器能与电动组合仪表、计算机配套使用。因此它被广泛应用于化工、石油、冶金、电力等工业控制过程中。

以电能为动力的执行器，称为电动执行器。其特点是获取能源方便、动作快、信号传递速度快，且可远距离传输信号，便于和数字装置配合使用等。但电动执行器一般不适合防火防爆的场合。另外，其有结构复杂、价格贵、推动力小等缺点。目前国内外所选用的执行器中，液动的很少，因此，本节只介绍电动和气动执行器。

在火电厂气力除灰系统中，普遍采用的是气动执行器。气动执行器是由气动执行机构和调节机构两部分组成的，但两者是不可分的，是统一的整体。气动执行机构是执行器的推动装置，接受调节器（或转换器）的输出气压信号（0.02～0.1MPa），按一定的规律转换成推力，使执行机构的推杆产生相应的位移，从而带动调节阀的阀芯动作。

一、执行机构

气动执行机构主要有薄膜式与活塞式两种。薄膜式执行机构因其结构简单、动作可靠、维护方便、价格低廉等优点，是最常用的一种执行机构。活塞式执行机构允许操作压力可达 500kPa，输出推力大，但价格较高。

（一）薄膜执行机构

薄膜式气动执行机构的结构如图 7-10 所示。它分正作用式和反作用式两种。信号压力增大，阀杆向下移动称为正作用式；信号压力增大，阀杆向上移动称为反作用式。正、反作用的结构基本相同，均由上、下膜盖，波纹膜片，推杆，弹簧，调节件等组成。

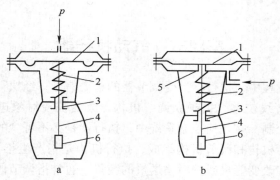

图 7-10　薄膜式气动执行机构结构示意图
a—正作用；b—反作用
1—波纹膜片；2—压膜弹簧；3—调节件；4—推杆；
5—密封件；6—连接件

当压力信号通过上膜片和波纹片组成的气室时，在膜片上产生一个推力，使推杆下移并压缩弹簧。当弹簧的作用力与信号压力在膜片上产生的推力相平衡时，推杆稳定在一个对应的位置上。信号压力越大，推力越大，则与其平衡的弹簧反作用力也越大，即推杆的位移量也越大。推杆的位移就是执行机构的直线输出位移，其改变了阀门阀芯的开度。

正作用的执行机构其弹簧作用在推杆上的压力是向上的，而供气压力在薄膜上产生的推力是向下的，正作用执行机构和阀门配套后，可以组成气关式阀门。在没有供气时，弹簧的压力使阀门全开，当向薄膜气室供气时，薄膜的推力使阀门全关。反作用的执行机构其弹簧作用在推杆上的压力是向下的，而薄膜所产生的推力则是向上的，反作用执行机构和阀门配套后，可以组成气开式阀门。在没有供气时，弹簧的压力使阀门全关，当向薄膜气室供气时，薄膜的推力使阀门全开。

（二）活塞执行机构

活塞式气动执行机构的结构如图 7-11 所示，它由气缸、活塞和推杆等组成。活塞式气动执行机构有很大的输出推力，特别适用于高静差、高压差、大口径的场合。它的输出特性有两位式和比例式两种。两位式是根据输入活塞两侧的操作压力的大小而动作，活塞由高压侧推向低压侧，使推杆由一个极端位置移至另一个极端位置。比例式是在两位式的基础上加有阀门定位器，使输入压力信号与推杆的行程成比例关系。

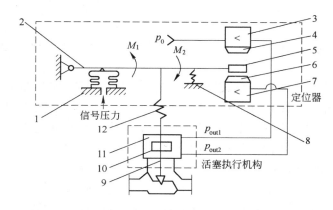

图 7-11 活塞式气动执行机构结构示意图

1—波纹管组；2—杠杆；3，7—功率放大器；4，6—上、下喷嘴；5—挡板；
8—调零弹簧；9—推杆；10—活塞；11—汽缸；12—弹簧

二、调节机构

调节机构指各种阀门，其安装于工艺管道上，直接与被调介质接触，是一个局部阻力可以改变的节流元件。由于阀芯在阀体内的上下移动改变着阀芯与阀座之间的流通面积，从而改变了阀的阻力系数，达到对流量的调节作用。

根据不同的使用要求，调节阀结构形式很多。

按照用途和作用不同，调节阀可分为截断阀类、止回阀类、分配阀类、调节阀类、安全阀类、其他特殊阀类和多用途阀类。

（1）截断阀，用来截断或接通管道中的介质，如闸阀、截止阀、球阀、蝶阀、隔膜阀、旋塞阀等。

（2）止回阀，用来防止管道中的介质倒流。

（3）分配阀，用来改变介质的流向，起分配、分离和混合介质的作用，如三通球阀、三通旋塞阀、分配阀、疏水阀等。

（4）调节阀，用来调节介质的压力和流量，如减压阀、调节阀、节流阀、平衡阀等。

（5）安全阀，用于超压安全保护，排放多余介质，以防止压力超过额定的安全数值，当压力恢复正常后，阀门再行关闭阻止介质继续流出，如各种安全阀、溢流阀等。

（6）其他特殊专用阀类，如放空阀、排渣阀、排污阀、清管阀等。

（7）多用途阀类，如截止止回阀、止回球阀、过滤球阀等。

按结构特征，阀门可分为截门形、闸门形、旋塞形、旋启形、蝶形和滑阀形。

（1）截门形，启闭件（阀瓣）由阀杆带动沿着阀座中心线做升降运动（图7-12a）。

（2）闸门形，启闭件（闸板）由阀杆带动沿着垂直于阀座中心线做升降运动（图7-12b）。

（3）旋塞形，启闭件（球或锥塞）围绕自身中心线旋转（图7-12c）。

（4）旋启形，启闭件（阀瓣）围绕阀座外的销轴旋转（图7-12d）。

（5）蝶形，启闭件（蝶盘、蝶片）围绕阀座内的固定轴旋转（图7-12e）。

（6）滑阀形，启闭件（滑板）由阀杆带动在阀座上滑动（图7-12f）。

按照阀芯和阀座的连通型式，可分为以下几种：

（1）直通单座调节阀。阀体内只有一个阀芯和阀座，阀芯和阀杆连接在一起，连接方法可用紧配合销钉固定或螺纹连接销钉固定。此阀的特点是泄漏量小，不平衡力大。适用于泄漏量要求严格、压差较小的场合。

（2）直通双座调节阀。阀体内有两个阀芯和阀座。其优点是允许压差大，缺点是泄漏量大。适用于阀两端压差较大、泄漏量要求不高的场合。

（3）三通阀。阀体上有三个通道与管道相连。三通阀分为分流型和合流型。使用时流体温差应小于150℃，否则会使三通阀变形造成泄漏和损坏。

另外，电磁阀也是较常用的一种执行器。电磁阀的工作原理是利用电磁铁通电励磁产生的吸引力直接带动阀门的启闭件动作，电磁铁断电失磁时，依靠弹簧

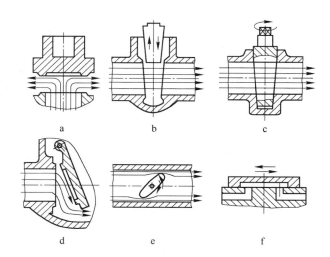

图 7-12　阀门结构

a—截门形；b—闸门形；c—旋塞形；d—旋启形；e—蝶形；f—滑阀形

使启闭件复位。电磁铁只能是通电励磁、断电失磁两种状态，所以电磁阀也只能是通流和断流两种状态，相当于"开"与"关"。

电磁阀与管路的接口数，称为"通"。常用的有二通电磁阀、三通电磁阀、五通电磁阀。二通电磁阀只能起切断作用，使管道中介质停止流动，多通电磁阀则可用来改变介质流动方向，以控制气动执行机构工作。

第八章　可编程序控制器

第一节　绪　　论

一、逻辑控制与可编程控制技术

逻辑控制是指在对生产过程运行状态检测的基础上，依据预先编制好的操作规则，对输入状态进行逻辑运算，或计数，或定时，或对某些变化参量进行判断等。然后根据这些结果作出控制决策，控制执行机构协调动作，完成以开关量控制为主的生产过程的自动控制。

早期的逻辑控制多以继电器、接触器作为主要控制装置来构成逻辑控制系统，故习惯上称为继电器逻辑控制或继电器接点控制或继电器接触控制。其显著特征是系统的操作规则（亦即控制程序）是以元、器件的某种连接方式来体现的。这种控制系统要改变控制程序，必须改变这种"连接"方式不可，极大地阻碍了逻辑控制技术的发展。

（一）继电器逻辑控制系统

通常继电器、接触器可以看成由输入电路、控制电路、输出驱动电路和控制对象四个部分组成。其中输入电路通常是由反映控制对象状态的输入装置及传感器组成，如按钮、行程开关、限位开关以及各种传感器等。输入电路在系统中的作用是向控制系统提供被控对象的运行状态信息。输出及驱动电路由接触器、电磁阀、电磁操动装置、电磁制动装置或可控硅等执行装置组成，其作用是控制电机、阀门、电炉、制动装置等各种各样的生产设施，以保证被控对象有序、安全地运行。而在这里，继电器控制部分是整个控制系统的核心，其作用是根据输入的控制现场状况以及预先安排的逻辑关系或时间顺序加以判断、决策，以决定通过输出电路对控制现场的具体操作。继电器控制系统的逻辑结构如图 8-1 所示。

在这类控制过程中，很大一部分控制问题是解决诸如电动机的启停、电磁阀的开闭等这样一类开关量控制。这些控制的实施通常都是通过继电器、接触器、可控硅等器件的接通（ON）或断开（OFF）来实现的。而这些控制的决策，往往又是对诸如行程开关、按钮、继电器触点等开关量的状态检测后，按照预先规定好的一种处理规则做出的。

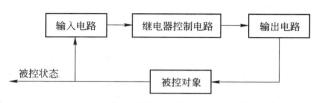

图 8-1　继电器控制系统的逻辑结构

1. 继电器逻辑控制系统的典型部件

常开按钮　常开按钮的触点在平常状态（即未按动时）是断开（OPEN）的；当手按动后，触点闭合（CLOSE），变为电气接通状态；当手离开按钮时，触点又重新断开，恢复为常态的断开状态。

特别提醒：在逻辑控制技术里，通常按照英文习惯将电路断开称为"开"，即"OPEN"，与中文中将电路接通称为"开"（如常说的开灯、打开电源等）意义相反；同样，在逻辑控制技术里，通常按照英文习惯将电路接通称为"闭"，即"CLOSE"，意为电路"闭合"，也就是"接通"，与中文中所称将电路"关闭"意义也刚好相反。

常闭按钮　常闭按钮的触点在平常状态（即未按动时）是接通（CLOSE）的；当用手按动后，触点断开（OPEN），变为电气断开状态；当手离开按钮时，触点又重新闭合，恢复为常态的接通状态。

常开按钮、常闭按钮及其触点在电气原理图中的结构与电气符号如图 8-2 所示。

名称	常开按钮	常闭按钮
结构	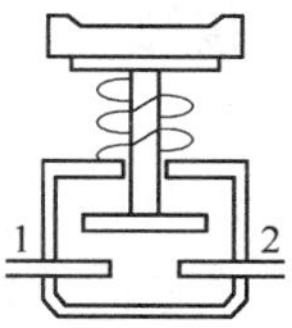	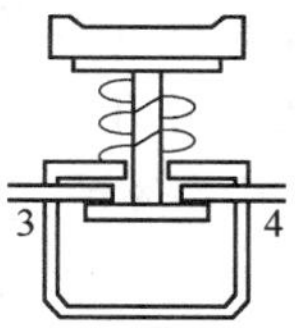
电气符号	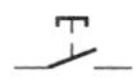	

图 8-2　常开按钮/常闭按钮电气图形符号

继电器　继电器是一种当输入量（电、磁、声、光、热）达到一定值时，输出量将发生跳跃式变化的自动控制器件。在输入电流的作用下，继电器会对机械部件的相对运动产生预定的响应。

最常见的继电器是电磁式继电器，其一般由铁芯、线圈、衔铁、触点和弹簧等部分组成。图 8-3 为电磁式继电器的示意图。

图 8-3 所示的继电器工作原理
为：当带铁芯的继电器线圈由控制
电路控制通电后，线圈及铁芯产生
很强的磁力吸引衔铁向下运动，衔
铁带动连杆机构也向下移动，使得
连接在连杆机构上但与连杆机构绝
缘的常闭触点的动触头和常开触点
的动触头也向下移动，从而得到常
闭触点的动触头与其静触头断开，
尔后常开触点的动触头与其静触头
闭合的结果。

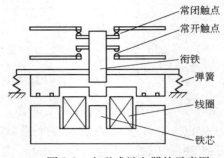

图 8-3　电磁式继电器的示意图

　　除电磁式继电器外，还有固态继电器、时间继电器、温度继电器、风速继电
器、加速度继电器以及光继电器、声继电器、热继电器等。

　　继电器线圈　当控制继电器线圈的电路中所有触点都闭合时，继电器线圈通
电，此时衔铁吸合，使继电器的常开触点闭合，常闭触点断开；而当控制继电器
线圈的电路中的所有触点中存在断开的触点，线圈将失电，此时常开触点断开，
常闭触点闭合。

　　继电器常开触点　继电器常开触点在平常工作状态下（即继电器不通电的状
态下）是断开的，即其动触头与静触头不接触；当继电器线圈通电时，常开触点
闭合，即其动触头与静触头接通。

　　继电器常闭触点　继电器常闭触点在平常工作状态下（即继电器不通电的状
态下）是接通的，即其动触头与静触头接触；当继电器线圈通电时，常闭触点断
开，即其动触头与静触头分开。

　　2. 继电器逻辑控制系统的组成与特点

　　继电器控制系统一般由主令电器、接触器、继电器和导线等部分组成，可以
把继电器看作电磁开关。给线圈加电压，会产生磁场，该磁场使继电器的触点闭
合。触点被看做是开关，它们允许电流流过，从而将主电路闭合。图 8-4 为一闹
铃控制的例子，无论开关何时闭合，闹铃都可以响。在闹铃控制中，使用了三个
真实的元件：一个开关、一个继电器和一个闹铃。

　　在图 8-4 中有两个分立的部分，下面的电路为直流（DC）部分，上面的电
路为交流（AC）部分。在这个例子中使用一个直流（DC）继电器来控制一个交
流（AC）电路。当开关打开时，没有电流流过继电器线圈；但开关一闭合，电
流立即流过线圈，建立起一个电磁场，该电磁场使得继电器触点闭合，交流电可
以流过闹铃，使它发出响声。

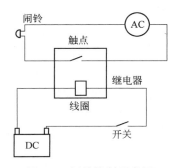

图 8-4　闹铃控制示意图

继电器控制系统由器件和导线连接而成，具有结构简单、成本低等优点，同时由于原理简单，对工程技术人员来说易于掌握。但继电器控制应用于复杂系统时，整个系统的设计和安装的工作量就特别大，有时变得不可能完成。机械触点的物理接触容易带来损坏，接线也易受振动等影响，可靠性会变差。

由于控制作用是通过器件的连接来实现的，当需要改变控制作用时，就需要改变硬件接线，对控制系统的维护性和升级很不利。

但继电器的动作对于控制系统来说，是一种可靠的机械隔离，经常和其他控制装置（如 PLC 等）配合使用。

下面我们再举一个以继电器控制电动机启动、保持、停止的电动机"启、保、停"电路的简单例子。如图 8-5 所示，采用继电器逻辑控制的电动机"启、保、停"控制系统由负载驱动电路和逻辑控制电路两大部分组成。其中负载驱动电路担任在逻辑控制电路控制下接通或断开电动机负载，并在接通情况下向电动机提供驱动能量的任务；而逻辑控制电路主要实现在主令按钮 SB2 给出"启动"信号或 SB1 给出"停止"信号后，做出或"启动"或"停止"或"保持"的决策，并控制负载驱动电路执行。图中标注相同符号的是指其为同一器件的不同部分，如图 8-5a 中 KM 指 KM 继电器的三相主触头，图 8-5b 中部的 KM 为 KM 继电器的辅助常开触点，而下部的 KM 是 KM 继电器的线圈；图 8-5a 中 FR 是 FR 热继电器的加热元件，而图 8-5b 中 FR 是 FR 热继电器的常闭保持触点。

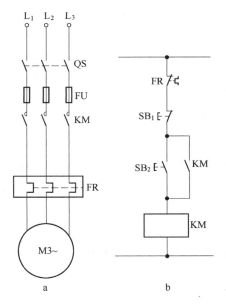

图 8-5　继电器逻辑控制的
电动机"启、保、停"电路
a—负载驱动电路；b—逻辑控制电路

负载驱动电路由低压刀开关 QS、三相熔断器 FU、继电器 KM 的三相主触头 KM、热继电器 FR 的加热元件部分和电动机组成。图 8-5 中，L_1、L_2、L_3 分别是三条相线；低压刀开关 QS 用于将控制系统与电源分断或接通，但不直接用于控制；FU 为三相熔断器，主要起短路保护等作用；该处的继电器三相主触头 KM

是继电器的功率驱动部分，用于受控制电路的控制以分断或接通电动机，以实现对电动机的启、停驱动。下面的热继电器 FR 用于避免电动机过载。当电动机过载时，FR 发热元件升温，双金属片弯曲，导致与其机械连接的常闭保持触点 FR（画于右上部，即其在逻辑控制部分）断开，而由于常闭保持触点 FR 断开，导致逻辑控制电路断开，KM 继电器的线圈失电，其三相主触头分断，使得主回路断电，起到保护电动机、避免其过载损坏的作用。在负载驱动电路部分，刀开关作接通电源用，熔断器和热继电器都作保护用，而继电器 KM 的三相主触头才是体现逻辑控制部分控制作用的主要部分。

逻辑控制电路由继电器 KM 的线圈 KM（画于下部）、常开按钮 SB$_2$、常闭按钮 SB$_1$、继电器 KM 的常开辅助触点 KM 和热继电器 FR 的常闭保持触点 FR 组成。在这里，常开按钮 SB$_2$ 作为"启动"手动按钮，当其按下接通时，使逻辑控制电路继电器接通，从而主触头接通电动机通道而使之启动。常闭按钮 SB$_1$ 作为"停止"手动按钮，当其按下分断时，使逻辑控制电路继电器分断，从而主触头分断电动机通道而使之停止。继电器 KM 的常开辅助触点在这里则是起保持作用，即当启动后，继电器 KM 的线圈通电，继电器 KM 的常开辅助触点吸合接通，当手动启动按钮释放时，继电器 KM 的线圈由接通的常开辅助触点通电维持一直导通。热继电器 FR 起保护作用。

3. 继电器逻辑控制系统的工作原理

电路连接：电动机"启、保、停"控制系统的作用完全是由常开按钮 SB$_2$、常闭按钮 SB$_1$、继电器 KM 的常开辅助触点 KM 按照逻辑关系有序地连接（串联和并联）而实现的。其工作过程和工作原理如下（讨论中，我们假设热继电器 FR 始终没有动作，其常闭触点一直接通）：

（1）启动：如图 8-5 所示，当"启动"常开按钮 SB$_2$ 按下接通时，此时"停止"常闭按钮 SB$_1$ 未被按下，其常闭触点仍然是接通的，由于 SB$_2$ 与 SB$_1$ 串联，电源输送的电流通过均为接通状态的 SB$_1$ 的常闭触点和"启动"常开按钮 SB$_2$ 的常开触点，从而使继电器线圈得电，继电器吸合，其常开主触头闭合使电动机启动运转。

（2）保持：当启动后，由于继电器 KM 吸合，常开辅助触头也闭合，此时电源输送的电流通过"停止"常闭按钮 SB$_1$ 的常闭触点和继电器 KM 的常开辅助触头后合并流向继电器线圈，使其继续得电，继电器继续吸合。当手动"启动"常开按钮 SB$_2$ 释放后，由于与 SB$_2$ 常开触点并联的继电器 KM 常开辅助触头仍然吸合，原来分流经 SB$_2$ 的常开触点和常开辅助触头 KM 的电流仍通过常开辅助触头 KM 流向继电器线圈，因而实现了保持。

（3）停止：需要停车时，按下"停止"按钮 SB$_1$，SB$_1$ 的常闭触点断开，由于其使整个通路失电，因而继电器失电，电动机停止转动。

（二）可编程控制技术

随着计算机技术的飞速发展，一种全新的逻辑控制技术诞生了，这就是可编程控制技术。

1. 可编程控制器的诞生及发展

20 世纪 70 年代，继电器控制系统广泛应用于工业控制领域，特别是制造业。然而继电器、接触器控制系统是采用固定接线的硬件实现控制逻辑的。如果生产任务或工艺发生变化，就必须重新设计，改变硬件结构，这样就造成时间和资金的浪费。另外，大型控制系统用继电器、接触器控制，使用的继电器数量多，控制系统的体积大、耗电多，且继电器触点为机械触点，工作频率较低，在频繁动作情况下寿命较短，容易造成系统故障，系统的可靠性差，使其在应用过程中面临了很多挑战。

为了解决这一问题，早在 1968 年，美国最大的汽车制造商通用汽车公司（GM 公司），为了适应汽车型号不断翻新，以求在激烈竞争的汽车工业中占有优势，提出要用一种新型的控制装置取代继电器、接触器控制装置，并且对未来的新型控制装置作出了具体设想，要把计算机的完备功能以及灵活性、通用性好等优点和继电器、接触器控制的简单易懂、操作方便、价格便宜等优点融入新的控制装置中，且要求新的控制装置编程简单，使得不熟悉计算机的人员也能很快掌握它的使用技术。为此，特拟定以下 10 项公开招标的技术要求：（1）编程简单方便，可在现场修改程序；（2）硬件维护方便，采用插件式结构；（3）可靠性高于继电器、接触器控制装置；（4）体积小于继电器、接触器控制装置；（5）可将数据直接送入计算机；（6）用户程序存储器容量至少可以扩展到 4KB；（7）输入可以是交流 115V；（8）输出为交流 115V，能直接驱动电磁阀、交流接触器等；（9）通用性强，扩展方便；（10）成本上可与继电器、接触器控制系统竞争。

美国数字设备公司（DEC 公司）根据 GM 公司招标的技术要求，于 1969 年研制出世界上第一台可编程序控制器，并在 GM 公司汽车自动装配线上试用，获得成功。其后，日本、德国等相继引入这项新技术，可编程序控制器由此而迅速发展起来。

在 20 世纪 70 年代初期、中期，可编程序控制器虽然引入了计算机的优点，但实际上只能完成顺序控制，仅有逻辑运算、定时、计数等控制功能，所以当时人们称其为可编程序逻辑控制器，简称为 PLC（Programmable Logical Controller）。随着微处理器技术的发展，20 世纪 70 年代末至 80 年代初，可编程序控制器的处理速度大大提高，增加了许多特殊功能，使得可编程序控制器不仅可以进行逻辑控制，而且可以对模拟量进行控制。因此，美国电器制造协会（NEMA）将可编程序控制器命名为 PC（Programmable Controller），但人们为了和个人计算机 PC（Personal Computer）相区别，习惯上仍将可编程序控制器称为 PLC。

20 世纪 80 年代以来，随着大规模和超大规模集成电路技术的迅猛发展，以 16 位和 32 位微处理器为核心的可编程序控制器也得到迅速发展，其功能越来越强。这时的 PLC 具有高速计数、中断技术、PID 调节、数据处理和数据通信等功能，从而使 PLC 的应用范围和应用领域不断扩大。

PLC 的发展初期，不同的开发制造商对 PLC 有不同的定义。为使这一新型的工业控制装置的生产和发展规范化，国际电工委员会（IEC）于 1985 年 1 月制定了 PLC 的标准，并给它作了如下定义：

"可编程序控制器是一种数字运算操作的电子系统，专为在工业环境下应用而设计，它采用可编程序的存储器，用来在其内部存储执行逻辑运算、顺序控制、定时、计数和算术运算等操作命令，并通过数字式、模拟式的输入和输出，控制各种类型的机械或生产过程。可编程序控制器及其有关的外部设备，都应按易于与工业控制系统连成一个整体，易于扩充其功能的原则而设计。"

从 PLC 产生到现在，已发展到第三代产品。

第一代 PLC（20 世纪 70~80 年代）以微处理器为基础，使用计算机程序控制代替继电器控制，具备了工业计算机控制的基本功能，实现了逻辑控制、数字运算、传送、比较等功能，能实现模拟量的控制，开始具备自诊断功能，初步形成系列化。

第二代 PLC（20 世纪 90 年代）是以单机的高性能控制为特色的。PLC 的处理速度大大提高，从而促使它向多功能及联网通信方向发展，并增加了多种特殊功能，如浮点数的运算、三角函数、表处理、脉宽调制输出等，以及自诊断功能及容错技术。PLC 产品广泛应用于逻辑控制、过程控制和运动控制等控制场合。PLC 的国际规范开始实施，PLC 技术成为工业控制器的常见装置。组态技术和网络技术开始使用。

第三代 PLC（21 世纪以来）是以智能化、网络化和集成化为主要特色的。先进组态技术的广泛使用，使得无论是单机应用还是网络化应用都变得很容易；现场总线和工业以太网扩展了 PLC 的输入与输出；从现场层到监控层，再到管理层，PLC 的应用也具有明显的集成化和系统化的特点。

2. PLC 的特点

PLC 是综合继电器、接触器控制的优点及计算机灵活、方便的优点而设计、制造和发展的，从而使 PLC 具有许多其他控制器无法比拟的特点。

（1）可靠性高，抗干扰能力强。PLC 是专为工业控制而设计的，选用的电子器件一般是工业级的，有的甚至是军用级的，在硬件和软件两个方面还采用了屏蔽、滤波、光电隔离、故障诊断和自动恢复等措施，使 PLC 有很强的抗干扰能力，其平均无故障时间已达到 2×10^4h 以上。

（2）编程简单，直观。PLC 采用了一种面向控制过程的梯形图语言。梯形图语言与继电器原理图类似，形象直观，易学易懂。具有一定电工知识的人员都可以在短时间内学会，使用起来得心应手，计算机技术和传统继电器控制技术之间的隔阂在 PLC 上完全不存在。

（3）适应性好，维护简单。PLC 是通过程序实现控制的。当控制要求发生改变时，只要修改程序即可。由于 PLC 产品已系列化、模块化，因此能灵活方便组成系统配置，组成规模不同、功能不同的控制系统，适应能力非常强。PLC 控制系统的维护非常简单，利用 PLC 的自诊断功能和监控功能，可以迅速地查找故障点，及时予以排除。

（4）速度较慢，价格较高。PLC 的速度与单片机等计算机相比相对较慢，单片机两次执行程序的时间间隔可以是毫秒（ms）级甚至微秒（μs）级，一般 PLC 两次执行程序的时间间隔是 10ms 级。PLC 的一般输入点在输入信号频率超过十几赫兹后就很难正常工作，为此，PLC 设有高速输入点，可以输入数千赫兹的开关信号。PLC 的价格也较高，是单片机系统的 2～3 倍。但是，从整体上看，PLC 的性价比是令人满意的。

3．PLC 的功能和分类

PLC 的功能　PLC 具有如下功能：

（1）开关量控制——替代传统的继电器；

（2）模拟量控制——可利用各种 A/D 和 D/A 转换模块来实现；

（3）定时控制与计数控制；

（4）高级控制——可设置一定的长度可变移位寄存器来满足各种步进控制的要求，可实现可变速定位运动、强制定值运动和各种调整运动，可实现单轴转动、多轴联动的运动控制；

（5）数据处理——具备整数运算指令，某些 PLC 还具备实数运算指令，在自身便可方便地对数据进行处理；

（6）自诊断功能——PLC 能对电源、各模块、程序语法、运行状态等进行自诊断并显示，在发生异常时能自动终止运行；

（7）通信联网功能——可将多台 PLC 连接起来，也可将 PLC 与其他计算机构成分层式控制系统；

（8）其他功能——PLC 可通过相应模块来连接显示器或打印机等外部设备实现打印等功能。

PLC 的分类　可编程序控制器一般从点数、功能、结构形式和流派等方面进行分类。

（1）根据点数和功能进行分类。根据点数和功能可以分为小型、中型和大型 PLC。小型 PLC 的输入/输出端子数量为 256 点以下，中型 PLC 的输入/输出端子数量为 2048 点以下，大型 PLC 的输入/输出端子数量为 2048 点以上。

小型 PLC、中型 PLC 和大型 PLC 不光体现在输入/输出端子数量上，更重要的是功能的差别。小型 PLC 主要用于完成逻辑运算、计时、计数、移位、步进控制等功能。中型 PLC 的功能，除小型 PLC 完成的功能外，还有模拟量控制、算术运算（＋、－、×、÷）、数据传送和矩阵等功能。大型 PLC，除中型 PLC 完成的功能外，还有更强的联网、监视、记录、打印、中断、智能、远程控制等功能。

另外，小型、中型和大型 PLC 的分类不是绝对的，有些小型 PLC 可以具备部分中型 PLC 的功能。

（2）根据结构形式进行分类。按结构形式分，PLC 有整体式和模块式两种。

整体式 PLC 是一个整体，所有部件均在一个机盒之内，整体式 PLC 根据需要也可以进行扩展。模块式 PLC 是由多个模块组成的，通过内部总线连接在一起，用户可以根据需要组建自己的 PLC 系统。

（3）PLC 的流派分类。世界上 PLC 生产厂家有 200 多家，生产的产品有 400 多种。

PLC 按地域分为 4 个流派：1）美国产品，性价比适中，使用比较方便；2）欧洲产品，性价比适中，易用性一般，扩展性强；3）日本产品，性价比高，使用方便，扩展性一般；4）中国产品，性价比特别高，使用比较方便，扩展性一般。

第二节　PLC 的结构与原理

一、PLC 的基本结构

可编程序控制器的结构多种多样，但其组成的一般原理基本相同，都是以微处理器为核心的结构，其功能的实现不仅基于硬件的作用，更要靠软件的支持，实际上可编程控制器就是一种新型的工业控制计算机。

可编程控制器主要由中央处理单元（CPU）、存储器（RAM、ROM）、输入输出单元（I/O）、电源和编程器等几部分组成，其结构框图如图 8-6 所示。

由图 8-6 可以看出，PLC 采用典型的计算机结构。

（一）中央处理单元（CPU）

CPU 作为整个 PLC 的核心，起着总指挥的作用。CPU 一般由控制电路、运算器和寄存器组成。这些电路一般都被封装在一个集成电路的芯片上。CPU 通过

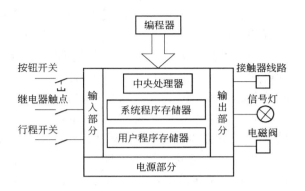

图 8-6　PLC 的基本组成结构图

地址总线、数据总线和控制总线与存储单元、输入输出接口电路连接。CPU 主要具有以下功能：

（1）从存储器中读取指令。CPU 从地址总线上给出存储地址，从控制总线上给出读命令，从数据总线上得到读出的指令，并放在 CPU 内的指令寄存器中去。

（2）执行指令。对存入在指令寄存器中的指令操作码进行译码，执行指令规定的操作，例如读取输入信号、取操作数、进行逻辑运算和算术运算、将结果输出等。

（3）取下一条指令。CPU 在执行完一条指令后，能根据条件产生下一条指令的地址，取出和执行下一条指令。在 CPU 的控制下，程序的指令可以按顺序执行，也可以进行分支和转移。

（4）处理中断。CPU 除了能按顺序执行程序外，还能接收输入输出接口发来的中断请求，并进行中断处理，中断处理完后，再返回原地，继续顺序进行。

（二）存储器

存储器是具有记忆功能的半导体电路，用来存放系统程序、用户程序以及工作数据。

所谓系统程序是指控制和完成 PLC 各种功能的程序，这些程序是由 PLC 的制造厂家用微型计算机的指令系统编写的，并固化到只读存储器（ROM）中；所谓用户程序是指用户根据工程现场的生产过程和工艺要求编写的控制程序，用户程序由使用者通过编程器输入到 PLC 的随机存储器（RAM），允许修改，由用户启动运行。

不同 PLC 的 CPU 的最大寻址存储空间各不相同，但一般可分为三个区域：系统程序存储区、系统 RAM 存储区（包括 I/O 映象区和系统软设备区等）和用户程序存储区。

（1）系统程序存储区。该存储区一般采用 ROM 或 EPROM 存储器。系统程序存储区中存放系统程序，包括监控程序、管理程序、命令解释程序、功能子程序、系统诊断程序等。由制造厂家将系统程序固化到 ROM 或 EPROM 中，用户不能直接存取。它和硬件一起决定了 PLC 的各项性能。

（2）系统 RAM 存储区。该区包括 I/O 映象区以及各类软设备（如逻辑线圈、数据寄存器、计时器、计数器等）存储区。该区存放一些现场数据和运算结果。在实际控制系统中，现场数据要不断输入到 PLC 中，PLC 根据运算结果，再将控制命令从输出口输出。现场的数据是不断变化的，这就要求在 PLC 内有一定量的存储器，即能写入，又能被刷新。RAM 就具有这样的特点。

（3）用户程序存储区。该区存放用户编制的用户程序，一般采用 EPROM 或 EEPROM 存储器，或加备用电池的 RAM。中小容量 PLC 的用户程序存储器容量一般不超过 8K 字节，大型 PLC 的存储容量高达几百 K。

（三）输入、输出接口电路

输入、输出接口电路是 PLC 与现场被控设备或其他外设相连接的部件，它起着 PLC 与外围设备之间传递信息的作用。用户设备输入 PLC 的各种控制信号，如按钮开关、选择开关、行程开关以及其他一些传感器输出的开关量或模拟量等输入信号，通过输入接口电路将这些信号转换成中央处理器能够接受和处理的信号。输入接口电路一般由光电耦合电路和微电脑输入接口电路组成。采用光电耦合电路与现场输入信号相连是为了防止现场的强电干扰进入 PLC。光电耦合电路的关键器件是光电耦合器，一般由发光二极管和光电三极管组成。微电脑输入接口电路一般由数据输入寄存器、选通电路和中断请求逻辑电路构成，这些电路集成在一个芯片上。现场的输入信号通过光电耦合送到输入数据寄存器，然后通过数据总线送给 CPU。

PLC 通过输出接口电路控制现场的执行部件，如接触器、继电器、电磁阀、指示灯及报警装置等。输出接口电路一般由微电脑输出接口电路和功率放大电路组成。微电脑输出接口电路一般由输出数据寄存器、选通电路和中断请求逻辑电路集成而成，CPU 通过数据总线将要输出的信号放到输出数据寄存器中。功率放大电路是为了适应工业控制的要求，将微电脑输出的信号加以放大。输出接口电路一般有三种：（1）低速、大功率负载，一般采用继电器输出；（2）高速、较大功率交流负载，采用晶闸管输出；（3）高速、小功率直流负载，采用晶体管输出。

由于 PLC 的 CPU 本身工作电压比较低，而输入、输出信号电压一般比较高，所以 CPU 不能直接与外部输入、输出装置连接，而由输入、输出接口电路转接。这样，输入、输出接口电路除了传递信号外，还有电平转换和隔离噪声的作用。

（四）电源部件

PLC 的电源部件包括系统的电源及备用电池。PLC 一般使用 220V 的交流电源，允许电源电压额定值在+10% ～ −15%的范围内波动。电源部件将交流电源转换成供 PLC 的中央处理器、存储器等电子电路工作所需要的内部工作电压。备用电池用于掉电情况下保存程序存储器和内部保持标志。

除此之外，PLC 上还配有和各种外围设备的接口，可配接编程器、计算机、打印机以及 A/D、D/A、串行通讯模块等，可以很方便地通过电缆连接。

（五）编程器

编程器是 PLC 的最重要外围设备。利用编程器将用户程序送入 PLC 的存储器，还可以用编程器检查程序、修改程序；利用编程器还可以监视 PLC 的工作状态。编程器一般分简易型和智能型。小型 PLC 常用简易型编程器，大、中型 PLC 多用智能型 CRT 编程器。上面所述都是可编程控制器本体上的电路，对于正常使用来说，通常不需要编程器。因此，编程器设计为独立的部件。编程器的层次很多，性能、价格都相差很悬殊，最简单的编程器不足 1000 元，最贵的可以到 10 多万元。最简单的编程器至少包括一个键盘、一些数码字符显示器。这里的键盘不是单板机上的那种键盘，而是直接表示可编程控制器指令系统的键盘，因而使用很方便，其显示部分包括三部分，即序号、指令码和元件号（在讲指令系统时详述）。它具有输入编辑、检索程序的功能，同时还具有系统监控的功能，有些还设有存储转接插口用于将可编程控制器中的程序转储到诸如盒带、软盘等存储介质中去。这种编程器的缺点就是无法以梯形图图形的方式输入并编辑程序和监控运行。因此，层次稍高的编程器上就设置了一小块液晶显示器，用于图形编辑、监控。这种编程器对于习惯于使用梯形图的人员来说，无疑方便了许多。为了进一步完善功能，近来发展了不少功能极强的专用图形编程器。这种编程器就像一台便携式计算机，本身带有 CRT、软盘驱动器，还有许多接口（如打印机接口、串行接口等），程序编辑功能也极强。它还可以作为工作站使用，即把它挂在可编程控制器网络上，对各站进行监控、管理、调试等工作。

二、PLC 的工作原理

最初研制生产的 PLC 主要用于替代传统的由继电器接触器构成的控制装置，但是这两者的运行方式是不一样的：继电器控制装置采用硬逻辑并行运行的方式，即如果一个继电器的线圈通电或断电，该继电器的所有触点不论在继电器控制线路的哪个位置上都会立即同时动作。然而 PLC 的 CPU 则采用顺序逐条地扫描用户程序的运行方式，即如果一个输出线圈或逻辑线圈被接通或断开，该线圈的所有触点不会立即动作，必须等扫描到该触点时才会动作，PLC 的这种"串行"工作方式避免了继电器控制系统中触点竞争和时序失配的问题。

为了消除两者之间由于运行方式不同而造成的差异，考虑到继电器控制装置中各类触点的动作时间一般在 100ms 以上，而 PLC 扫描用户程序的时间一般均小于 100ms。因此，PLC 采用了一种不同于一般微机的运行方式——扫描技术。

循环扫描的工作方式是在系统软件控制下，顺次扫描各输入点的状态，按用户程序进行运算处理，然后顺序向输出点发出相应的控制信号。整个工作过程可分为五个阶段：内部处理、通信操作、程序输入处理、程序执行和输出处理。全过程扫描一次所需的时间称为扫描周期。

每次扫描用户程序之前，都先进行内部处理，PLC 检查 I/O 部分、存储器、CPU 等硬件是否正常，复位监视定时器等。

通信操作服务阶段，PLC 检查是否有编程器、计算机等的通信请求，若有则进行相应处理，如接收由编程器送来的程序、命令或各种数据，并把要显示的状态、数据、出错信息等发送给编程器进行显示。如果有计算机等的通信请求，也在这段时间完成数据的接收和发送任务。

当 PLC 处于"STOP"状态时，只进行内部处理和通信操作服务等内容。在 PLC 处于"RUN"状态时，从内部处理、通信操作，到程序输入、程序执行、程序输出，一直循环扫描工作。

输入处理又叫输入采样。在此阶段，PLC 以扫描方式依次地读入所有输入状态和数据，并将它们存入内存中所对应的映象寄存器。输入采样结束后，进入程序执行阶段。在程序执行时，即使输入状态和数据发生变化，输入映象寄存器的内容也不会发生变化，只有在下一个扫描周期的输入处理阶段才能被读入信息。如果输入是脉冲信号，则该脉冲信号的宽度必须大于一个扫描周期，才能保证输入被读入。

在程序执行阶段，PLC 的 CPU 总是按先左后右、先上后下的顺序依次扫描程序（梯形图）。但对于跳转指令，则根据跳转条件是否满足来决定程序的跳转地址。当用户程序涉及输入输出状态时，PLC 从输入映象寄存器中读出上一阶段采入的对应输入状态，从输出映象寄存器读出对应映象寄存器的当前状态，根据用户程序进行逻辑运算，运算结果再存入有关器件的寄存器中。

当程序执行阶段结束后，PLC 就进入输出刷新阶段。在此期间，CPU 按照映象寄存器内对应的状态和数据刷新所有的输出电路，并驱动相应的外设。这时，才是 PLC 的真正输出。

PLC 的扫描既可按固定的顺序进行，也可按用户程序所指定的可变顺序进行。这不仅因为有的程序不需每扫描一次就执行一次，而且也因为在一些大系统中需要处理的 I/O 点数多，通过安排不同的组织模块，采用分时分批扫描的执行方法，可缩短循环扫描的周期和提高控制的实时响应性。

三、PLC 的基本技术性能指标

PLC 的性能指标有一般指标和技术指标两种，一般指标主要指 PLC 的结构和功能情况。而技术性能指标可分为一般的技术规格和具体的性能规格。一般规格主要包括 PLC 使用的电压、允许电压波动范围、耗电情况、直流输出电压、抗噪声性能、耐机械振动及冲击情况、使用环境的要求、外形尺寸、质量等；具体的性能规格是指 PLC 所具有的技术能力，其中主要包括五个基本技术性能指标：CPU 类型、内存容量、扫描速度、I/O 点数、编程语言。

（1）内存容量：通常用 K 字、K 字节或 K 位来表示。有的 PLC 以所能存放用户程序的多少来衡量。在 PLC 中程序指令是按"步"存放的（一条指令往往不止一"步"），一"步"占用一个地址单元，一个地址单元一般占用两个字节。例如一个内存容量为 1000"步"的 PLC，可推知其内存为 2K 字节。

（2）扫描速度：一般以执行一步指令所需的时间来衡量，故单位为 μs/步，有时也以执行 1000 步指令的时间计，单位为 ms/K。

（3）I/O 点数：指的是 PLC 外部输入、输出的端子总数，这是 PLC 最重要的一项技术指标。

（4）编程语言：PLC 具有的编程语言的指令种类越多，说明它的软件功能越强。因此指令条数的多少，是衡量 PLC 软件功能强弱的主要指标。

此外，PLC 内部有许多寄存器用以存放变量状态、中间结果和数据等。还有许多辅助寄存器给用户提供特殊功能，以简化整个系统设计。因此寄存器的配置情况是衡量 PLC 硬件功能的一个指标。

PLC 除了主控模块外，还可配接实现各种特殊功能的高功能模块，例如 A/D 模块、D/A 模块、高速计数模块、远程通信模块、高级语言编辑以及各种物理量转换模块等。这些高功能模块使 PLC 不但能进行开关量顺序控制，而且能进行模拟量控制、定位控制和速度控制，还可以和计算机进行通讯，直接用高级语言编程，给用户提供了强有力的工具。

第三节　PLC 的编程语言

一、概述

PLC 的编程语言与普通计算机相比，具有明显的特点，它既不同于高级语言，又不同于汇编语言。综观各厂家开发的各系列 PLC 的编程语言，虽然所开发的编程语言形式有所差别，但基本结构和功能都是相同的，其形式基本上可分为梯形图语言、布尔指令语句（助记符）语言、布尔梯形图语言和计算机高级语言等四种。如果某 PLC 的系统软件对前三种编程语言都支持，则在一定的条件下，这三种语言是可以相互转换的。

PLC 的主要使用者是工程技术人员，应用场合是工业控制过程，所以，编程语言要满足易于编制和调试两方面的要求。目前，各厂家所开发的编程语言形式有所差别，各具特色，一般是不能相互兼容的，但可以发现，所有编程语言都有以下特点：

（1）图形式指令结构。指令由不同的图形符号组成，程序利用图形方式来表达，使人一目了然，易于理解和记忆。编程系统中已把工业控制中常用的、相对独立的各种操作功能对应为抽象的图形，编程者只要根据自己的需要直接使用这些图形进行组合（填入适当的代码和参数）便可。在监视 PLC 运行时，也以图形方式显示被监视对象。

对于逻辑操作，几乎所有的厂家都采用类似于继电器控制电路的梯形图。有些厂家还采用顺序控制系统流程图来表示，很适合顺序控制。这种图是利用通、断两种状态的逻辑元件图形符号来表达逻辑关系的，也很直观易懂，对熟悉逻辑电路的人员来说，用这种语言编程是很方便的。

对于较复杂的算术运算、定时计数等，一般也参照梯形图或逻辑元件图给予表示，虽然直观性不如逻辑操作部分，但编程时也比较方便。

（2）明确的参数。图形符号相当于指令的操作码，规定了操作功能，参数则是操作数（由编程者填入）。在汇编语言中，变量和常数的定义和使用比较繁琐，在高级语言中，参数类型既多又复杂，而 PLC 的变量和常数及其取值范围有明确规定，且很简单，如 X00102、Y00015、K400、H12AD 等，使用比较直接，方便。

（3）简化的程序结构。PLC 的程序结构一般很简单，典型的为块式结构，不同块完成不同功能，逻辑上相当清晰，这有利于程序编制和调试者对整个程序控制功能和控制顺序的理解，并减少软件错误。

（4）简化编译过程。使用汇编语言或高级语言编写程序，要（反复）完成编辑、编译（汇编）和连接三个过程，而使用 PLC 的编程语言，只需要编辑一个过程，其余由系统软件自动完成。整个编辑过程是在人机对话下进行的，不要求用户有高深的软件设计能力，这有利于 PLC 的普及推广应用。

（5）增强调试手段。涉及硬件的系统，无论是汇编程序，还是高级语言的程序调试，都是令开发者头疼的事，它所花费的时间最长，而对 PLC 来说，其程序的调试可使用编程器或计算机，利用专用组态软件进行调试、诊断及监控，操作很简单。有的 PLC 还能实现在线或遥控调试，甚至可一边运行一边修改，功能相当强。

总之，PLC 的编程语言是面向用户的、面向对象的，简单易学，操作方便，对使用者要求低。

最常用的两种编程语言：一是梯形图，二是布尔指令语句。它们各有特点，梯形图直观易懂，而布尔指令语句便于实验，因为它不必用昂贵的图形编程器来编程。布尔指令语句虽然也是用助记符来表达各种指令操作的，很像计算机的汇编语言，但由于在软件开发上有上述各种特点，布尔指令语句表是非常简单而容易掌握的。布尔指令语句表与梯形图配合，就更能互相补充、图文并茂，无论是逻辑操作还是复杂的数据处理操作，都能表达得十分清楚。

有一些高档 PLC 还具有布尔逻辑语言、与通用计算机兼容的汇编语言等，有与计算机兼容的 C 语言、BASIC 语言或专用的高级语言，使 PLC 的开发更容易。

二、梯形图语言

梯形图编程语言是 PLC 编程语言中用得最多的一种语言。尽管各厂家生产的 PLC 所使用的符号等不太一致，但梯形图的设计与编程方法基本上大同小异。

这种语言形式表达的逻辑关系最简明，应用最广泛。它是基于继电器控制系统的梯形原理图演变而来的，但简化了符号，加进了许多功能强而使用灵活的指令，结合了计算机的特点。它是融逻辑操作、控制于一体的，是一种面向对象的、实时的、图形化的编程语言，它非常直观，易于理解，很适合电气工程技术人员使用。这种语言形式可以完成全部控制功能。

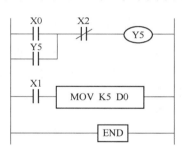

图 8-7　梯形图程序

图 8-7 为一梯形图程序。

梯形结构表示了信号的流向，从结构图的左上点开始，各指令按照从左到右、从上到下的顺序进行扫描；在一行或一组指令中，每一条指令的输出信号被作为其右边一条指令是否执行的条件，直到到达最右侧为止，然后扫描下一行或下一组指令；在一行或一组指令中，如果扫描出任一条指令的条件不满足，则不再往右扫描，原输出信号不变，立即转向下一行或下一组指令执行。这种结构给程序设计中的判断和分支操作提供了极大的方便。

梯形图是在原继电器控制电路图的基础上演变而来的，但与电路图存在一些差别，在利用梯形图语言进行编程时应注意以下几点：

（1）在编程时，首先应对所使用的编程元件进行编号，PLC 是按编号来区别操作元件的，编号使用一定要明确。

（2）同一个继电器的线圈（输出点）和它的触点要使用同一编号；每个元件的触点使用时没有数量限制，但每个元件的线圈在同一程序中不能出现多用途。对输入触点，程序不能随意改变其状态。

（3）梯形图的每一行都是从左边的母线开始，线圈接在右边的母线上，线圈右边不允许再有接触点。

（4）线圈不能直接接在左边母线上。如需要的话，可通过不动作的常闭触点来连接线圈。

（5）开关触点可以任意串联或并联，输出可以并联但不能串联。串、并联触点的数量从原理上说是没有限制的，但会受其他因素的限制（如 PLC 系统软件、图形编程器的屏幕尺寸等）。一个支路允许的输出点（线圈）数也会有限制，此时可采用中间继电器将超限的大块程序分成若干子块，然后按它们的逻辑关系连接起来。

（6）在一个程序中，同一编号的线圈如果用于多处，则称为多线圈输出。由于它很容易出现不一致而引起误操作，应尽量避免。

（7）扫描顺序是从左到右、从上到下。

在梯形图中，不能出现桥式电路。

三、指令表编程语言

这种编程语言类似于计算机中汇编语言的形式，以助记符指令为基础结构的编程语言形式，各种操作都由相应的指令来管理，能完成全部的控制、运算功能。其基本结构为：

步	指令	软器件号	
0	LD	X000	
1	OR	Y005	
2	ANI	X002	
3	OUT	Y005	
4	LD	X001	
5	MOV	K5	D0
6	END		

应用这种语言形式设计出的应用程序，其逻辑关系不明显；比较难于阅读，对于较大的控制系统中，控制关系较为复杂，则更难以理解。但如果使用简易编程器（手编）输入程序时，必须以这种方法输入。

四、高级语言

在有些系列的 PLC 中已引入计算机高级语言进行程序设计（如 BASIC 语言、C 语言等），这些高级语言主要用在对一些特殊功能模块的编程（如通讯模块、操作站等），由于这些控制模块本身配有微处理器，有较强的计算机功能，用高级语言编程比较方便。

使用高级语言能更好地发挥组态软件的作用，使编程者从具体的控制细节解脱出来，将更多的精力放在控制的整体设计上。

第四节 PLC 的指令系统

一、可编程控制器的指令系统概述

可编程控制器 PLC 的指令系统是指在特定的 PLC 系统的相应操作系统支持下能由该特定的 PLC 系统识别并能执行的、具有一定功能的全体基本操作命令的集合。如数据传送指令、逻辑"与"指令、逻辑"或"指令、加减运算指令等，所有这些基本操作指令类型的全体就是 PLC 的指令系统。

用户使用各种类型的 PLC 的编程语言编写应用程序，就是按照应用程序所期望达到的功能，以该特定类型的 PLC 的指令系统所包含的各种指令，以完成各种基本操作的指令的有序排列来一步一步地实现应用程序的功能。在一种特定类型的 PLC 的应用程序中，不能使用该特定类型的 PLC 的指令系统中所没有的其他类型的 PLC 的指令系统中的指令，否则该特定类型的 PLC 根本不能识别和执行这样编写的程序。

指令系统不同于程序。例如，在用户编写的应用程序中，逻辑"与"指令可以反复使用多次，而在指令系统中，逻辑"与"指令则只是指令系统中的一个指令种类。

由于操作系统的不同，各个系列 PLC 的指令系统也有所差别，但其基本功能大同小异。一个完整的而又是最基本的 PLC 指令系统大致应包括以下六大类指令，即逻辑操作类指令、输出类指令、数据处理类指令、数据运算类指令、程序流控制类指令和其他指令。

（1）基本逻辑操作指令：通常包括与、或、非、锁存等指令。

（2）输出类指令：含基本输出指令、非指令以及计时、计数功能指令（不同时间基准的计时器、上升计数器和下降计数器等）。

（3）数据处理类：包括数据的传送指令、数据移位指令等。

（4）数据运算类：包括算术运算指令（四则运算指令：加、减、乘、除运算，双精度的运算等）、逻辑运算指令、数据比较指令、数制转换指令、增量减量指令等。此外，有的还有数表操作指令（数表的读写、传送、排序、定位等）、浮点运算（浮点数的加、减、乘、除运算等）、矩阵操作指令（矩阵的逻辑运算、置位、复位、移位等功能）。

（5）程序流控制类：包括程序分支与跳转指令、子程序的调用返回指令，中断控制指令、步进指令等。有的还有输入输出控制指令、空操作指令、窗口控制指令、主程序控制指令和顺序控制指令等。

（6）其他类：主要是指新开发的一些用于实现各种控制功能或信息处理功能的指令。

由于现代 PLC 功能日渐增强及应用越来越广泛，各 PLC 生产厂家提供的指令系统也发生了较大的变化。出于对性价比的考虑，有的系统仅提供一般逻辑操作，而在另外一些场合下又可能提供较为复杂的、特殊的、专用的一些功能指令，因此，现代的 PLC 生产厂家在提供编程工具上也可能是提供一个复杂的分级销售的软件包。用户可根据自己的实际需要来选择不同级别的软件包。现代 PLC 操作系统支持的软件包一般可分为三个级别：

1）基本指令软件包。基本指令主要是指基本的逻辑操作功能、基本输出功能和计时、计数功能以及一般算术运算功能等，主要用于支持小型的 PLC 系统。

2）高级指令软件包。高级指令包括复杂的算术运算、双精度运算，浮点运算、数表操作、矩阵操作等。与基本指令相比，高级指令软件包处理的信号量大幅度扩大。

3）扩展指令软件包。扩展指令是指在该级软件包中扩展了相当一部分特殊功能，如高速计数、PID 调节、对轴的转角及转速的控制、自动位置控制（APC）指令、极限判断指令等。使用这类指令，可以实现诸如 DDC 闭环控制等复杂的功能。

正如前面所述，PLC 的指令系统是针对特定的 PLC 系统提出的，不同的 PLC 有不同的指令系统，因此，要想以一种指令系统来概括不同品种、不同档次的 PLC 的指令系统，是不可能的。下面以三菱 FX2N 系列的 PLC 为例，介绍编程器件和指令系统。

二、FX2N 系列 PLC 的编程器件

PLC 内部有许多具有不同功能的器件，实际上这些器件是由电子电路和存储器组成的。例如，输入继电器 X 由输入电路和映像输入触点的存储器组成；输出继电器 Y 由输出电路和映像输出点的存储器组成；定时器 T、计数器 C、辅助继电器 M、状态器 S、数据寄存器 D、变址寄存器 V/Z 等都由存储器组成。为了把它们与通常的硬器件区分开，通常把上面的器件称为软器件，是等效概念抽象模拟的器件，并非实际的物理器件。从工作过程看，只注重器件的功能和器件的名称，例如，输入继电器 X、输出继电器 Y 等，而且每个器件都有确定的地址编号，这对编程十分重要。

（一）I/O 继电器（X/Y）

输入继电器与输出继电器的地址号是基本单元的固有地址号，当需要连接扩

展时，扩展单元（模块）的地址分配是按基本单元以外的地址顺序分配出去的，但最大地址不能超出表8-1的规定。表8-1列出了 FX2N 系列 PLC 的基本单元和扩展的地址号。这些地址号采用八进制数，因此不存在"8"、"9"这样的数值。

表 8-1　FX2N 系列 PLC 单元地址号

	型号	FX 2N-16M	FX 2N-32M	FX 2N-48M	FX 2N-64M	FX 2N-80M	FX 2N-128M	扩展时
输入继电器	输入	X000-X007 8 点	X000-X017 16 点	X000-X027 24 点	X000-X047 32 点	X000-X057 40 点	X000-X077 64 点	X000-X267 184 点
输出继电器	输出	Y000-Y007 8 点	Y000-Y017 16 点	Y000-Y027 24 点	Y000-Y047 32 点	Y000-Y057 40 点	Y000-Y077 64 点	Y000-Y267 184 点

输入继电器与 PLC 的输入端相连接，是 PLC 接受外部信号的窗口。在 PLC 内，与 PLC 输入端相连的输入继电器（X）是光绝缘的电子继电器，有无数个常开触点和常闭触点。这些触点在编程时可无数次随意使用。

输出继电器的外部输出点连接到 PLC 的输出端子上，输出继电器是 PLC 用来传送信号到外部负载的器件，如图 8-8 所示。每个输出继电器有一个外部输出的常开点（物理触点，可以是继电器、晶体管或晶闸管）；而内部的软触点，不管是常开还是常闭，都可以无数次随意使用。

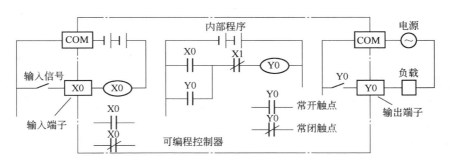

图 8-8　I/O 继电器示意图

（二）辅助继电器（M）

PLC 内有很多辅助继电器。这类辅助继电器的线圈与输出继电器一样，由 PLC 内的各种软器件的触点驱动。辅助继电器有无数个电子常开触点与常闭触点，在写程序时无数次随意使用，但是，该触点不能直接驱动外部负载，外部负载只能通过输出继电器 Y 驱动。PLC 内的辅助继电器的地址编号和功能如表8-2所示。辅助继电器的地址编号是采用十进制的，共分为三类：通用型辅助继电器、断电保持型辅助继电器和特殊用途型辅助继电器。

表 8-2　辅助继电器

项　目	通用型	断电保持型（可修改）	断电保持型（专用）	特殊用途型
辅助继电器	M0-M499 500 点	M500-M1023 524 点 可作通信用 M800-M899 主站→从站 M900-M999 从站→主站	M1024-M3071 2048 点	M8000-M8255 256 点

1. 通用型辅助继电器 M0-M499

在逻辑运算中经常需要一些中间继电器作为辅助运算用，用做状态暂存、中间过渡等。通用辅助继电器的特点是：线圈通电，触点动作；线圈断电，触点复位；当系统断电时，所有的状态也复位。

2. 断电保持型辅助继电器 M500-M1023、M1024-M3071

PLC 在运行中若发生停电，输出继电器和通用型辅助继电器全部成为断开状态。上电后，PLC 恢复运行，辅助继电器能保持断电前的状态。在不少控制系统中要求能保持断电瞬间的状态，这种场合就适宜采用断电保持型继电器。断电保持是靠 PLC 的内装电池支持的。M500-M1023 可以通过设定 PLC 的参数来改变通用型和断电保持型的比例，而 M1024-M3071 不能变。当采用并联通信时，M800-M999 作为通信被占用。

3. 特殊用途型辅助继电器 M8000-M8255

PLC 内有很多特殊用途的辅助继电器，每个特殊用途型辅助继电器的功能都不同，使用时要注意其特殊功能，没有定义的辅助继电器不能用。这类特殊辅助继电器又可分为两类：

（1）触点利用型特殊辅助继电器。利用 PLC 自动驱动其线圈，用户只利用该触点，例如：

M8000 运行监控（PLC 在运行中，该触点总是接通的）；

M8002 初时脉冲（每次 PLC 开始运行瞬间接通，接通时间是一个扫描周期）；

M8012 100ms 时钟脉冲（PLC 运行时，每 100ms 接通一次，接通时间是 50ms）；

……

（2）线圈驱动型特殊辅助继电器。如果用户将其线圈驱动，则 PLC 做特定运动，例如：

M8033 停止时保持输出；

M8034 禁止 PLC 所有输出；

M8039 恒扫描；

……

（三）状态器（S）

状态器是构成状态转移图的重要软器件，它与后述的步进顺序指令配合使用。状态器的常开触点和常闭触点在 PLC 内可以无数次随意使用。不用步进顺控指令时，状态器可以像辅助继电器 M 一样在程序中使用。

（四）定时器（T）

定时器是 PLC 内具有延时功能的软器件，它有一个设定值寄存器（一个字长）、一个当前值寄存器（一个字长）以及无限个触点（常开和常闭）。触点可以用无限多次。定时器工作是将 PLC 内的 1ms、10ms、100ms 等的时钟脉冲相加，当它的当前值等于设定值时，定时器的输出触点动作。定时器的设定值可由常数 K 或数据寄存器中的数值设定。

（五）计数器（C）

PLC 内有很多计数器，每个计数器有一个设定值寄存器（一个或两个字长），一个当前值寄存器（一个或两个字长）以及无限个触点（常开和常闭）。触点可以用无限多次。当计数器的当前值和设定值相等时，其触点动作。PLC 的计数器分内部信号计数器和高速计数器：内部信号计数器是在执行扫描操作时对内部器件（如 X、Y、M、S、T 和 C）的信号进行计数，其接通时间和断开时间应比 PLC 的扫描周期稍长；而高速计数器是对外部输入的高速脉冲信号（从 X0~X5 输入）进行计数，脉冲信号的周期可以小于扫描周期，高速计数器是以中断的方式来工作的。

（六）数据寄存器（D）

在进行数据和模拟量控制及位置控制时，需要许多数据寄存器存储数据和参数。数据寄存器为 16bit，最高位为符号位，可用两个数据寄存器合并起来存放 32bit 数据，最高位仍为符号位。数据寄存器的种类如表 8-3 所列。

表 8-3　数据寄存器的种类

项目	普通用途	供停电保持用	供停电保持用	特殊用途	供变址用
数据寄存器	D0~D199 200点	D200-D511 312点 D490-D499 主站→从站 D500-D509 从站→主站	D512-D7999 7488点供滤波用 D1000 以后，可将 500 点为单位作为文件寄存器设定	D8000-D8255 256点	V0(V)~V7 Z0(Z)~Z7 16点

一个数据寄存器（16位）处理的数值为-32768～+32767，以两个相邻的数据寄存器表示32bit数据时可处理-2147483648～+2147483647。在指定32bit时，如果指定低位（如D0），则高位继其之后的地址号（如D1）被自动占有。低位可用奇数或偶数的软器件的地址号，考虑到外围设备的监视功能，低位采用偶数软器件的地址号。数据寄存器的数值读出与写入一般采用应用指令，而且可以从数据存储单元（显示器）与编程装置直接读出与写入。

一旦向数据寄存器中写入数据，只要不再写入其他数据，就不会变化，但当PLC由RUN转到STOP或停电时，普通用途的数据寄存器内的数据将被清"0"（如果驱动特殊的辅助继电器M8033，则可保持），而停电保持的数据寄存器中的数据就能保持。在采用通信功能时，D490～D509被作为通信占用。

在停电保持用的数据寄存器内，D1000以后通过参数设定，能以500点为单位用做文件寄存器。在不做文件寄存器时，与通常的停电保持用的数据寄存器一样，利用程序与外围设备进行读出与写入。

（七）变址寄存器（V、Z）

变址寄存器V与Z和普通用途的数据寄存器一样，是进行数据的写入和读出的16位数据寄存器。进行32位运算时，将两者组合使用，指定Z变址寄存器（Z为低位，V为高位）。V和Z的主要功能是能够修改软器件的地址，能够修改的软器件有X、Y、M、S、P、T、C、D、K、H、KnX、KnY、KnM、KnS；但不能修改V与Z本身以及指定用的Kn本身。

三、FX2N系列PLC的基本指令

（一）LD、LDI、OUT指令

LD为取指令，表示每一行程序中第一个与母线相连的常开触点。另外，与后面介绍的ANB、ORB指令组合，在分支起点处也可使用。

LDI为取反指令，与LD的用法相同，只是LDI是对常闭触点。

LD、LDI两条指令的目标元件是输入继电器（X）、输出继电器（Y）、辅助继电器（M）、状态器（S）、定时器（T）、计数器（C）。

OUT为线圈驱动指令，是对输出继电器（Y）、辅助继电器（M）、状态器（S）、定时器（T）、计数器（C）的线圈驱动，对输入继电器（X）不能使用。

LD、LDI、OUT指令的使用说明如图8-9所示。

当OUT指令驱动的目标元件是定时器T和计数器C时，如设定值是常数K，则K的设定范围如表8-4所示。程序步序号是自动生成的，在输入程序时不用输入程序步序号，对于不同的指令，程序步序号是有所不同的。

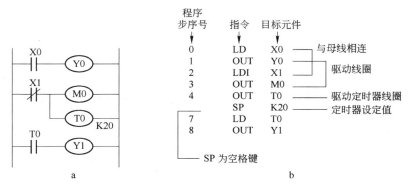

图 8-9　LD、LDI、OUT 指令的使用说明

a—梯形图；b—指令表

表 8-4　K 的设定范围

定时器、计数器	K 的设定范围	实际的设定值/s	步　数
1ms 定时器		0.001~32.767	3
10ms 定时器	1~32767	0.01~327.67	3
100ms 定时器		0.1~3276.7	3
16 位计数器		1~32767	3
32 位计数器	-2147483648~+2147483647	-2147483648~+2147483647	3

（二）触点串联指令 AND、ANI

AND 为与指令，用于单个常开触点的串联。

ANI 为与非指令，用于单个常闭触点的串联。

AND 与 ANI 都是一个程序步指令，串联触点的个数没有限制，该指令可以多次重复使用。使用说明如图 8-10 所示。这两条指令操作的目标元件为 X、Y、M、S、T、C。

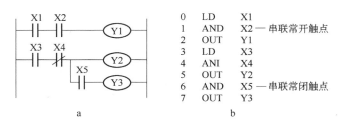

图 8-10　AND、ANI 指令的使用说明

a—梯形图；b—指令表

OUT 指令后，通过触点对其他线圈使用 OUT 指令称为纵接输出或连续输出，

如图 8-10 中的 OUT Y3。这种连续输出如果顺序不错，可以多次重复。但是如果驱动顺序换成图 8-11 所示的形式，则必须用后述的 MPS 指令和 MPP 指令。

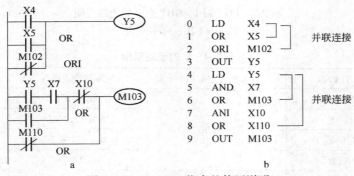

图 8-11　不推荐使用

（三）触点并联指令 OR、ORI

OR 为或指令；ORI 为或非指令。

这两条指令都用于单个的常开触点并联，操作的目标元件是 X、Y、M、S、T、C。OR 用于常开触点，ORI 用于常闭触点，并联的次数可以是无限次。使用说明如图 8-12 所示。

	0	LD	X4	并联连接
	1	OR	X5	
	2	ORI	M102	
	3	OUT	Y5	
	4	LD	Y5	并联连接
	5	AND	X7	
	6	OR	M103	
	7	ANI	X10	
	8	OR	X110	
	9	OUT	M103	

图 8-12　OR、ORI 指令的使用说明

a—梯形图；b—指令表

（四）取脉冲指令 LDP、LDF、ANDP、ANDF、ORP、ORF

LDP、ANDP 和 ORP 指令是进行上升沿检测的触点指令，仅在指定的位元件上升沿（OFF→ON 变化）时，接通一个扫描周期，操作的目标元件为 X、Y、M、S、T、C。使用说明如图 8-13 所示。

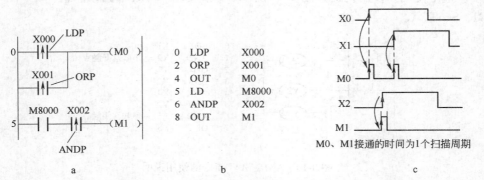

0	LDP	X000
2	ORP	X001
4	OUT	M0
5	LD	M8000
6	ANDP	X002
8	OUT	M1

M0、M1接通的时间为1个扫描周期

图 8-13　LDP、ORP、ANDP 使用说明

a—梯形图；b—指令表；c—动作时序图

LDF、ANDF 和 ORF 指令是进行下降沿检测的触点指令，仅在指定位元件下降时（由 ON→OFF 变化）接通一个扫描周期，操作的目标元件为 X、Y、M、S、T、C。使用说明如图 8-14 所示。

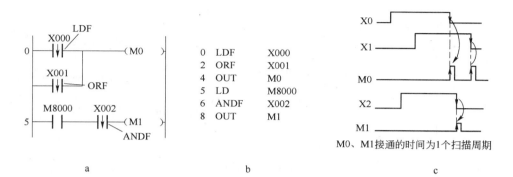

图 8-14 LDF、ORF、ANDF 使用说明

a—梯形图；b—指令表；c—动作时序图

（五）串联电路块的并联连接指令 ORB

两个或两个以上 i 的触点串联的电路称为串联电路块；当串联电路块和其他电路进行并联连接时，分支开始用 LD、LDI 指令，分支结束用 ORB 指令。ORB 指令和后面的 ANB 指令是不带操作数的独立指令。电路中有多少个串联电路块就用多少次 ORB 指令，ORB 指令使用的次数不受限制。

ORB 指令也可成批使用，但是由于 LD、LDI 指令的重复使用次数受限制（在 8 次以下），务必注意。ORB 指令使用说明如图 8-15 所示。

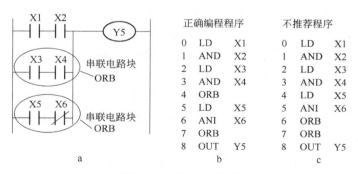

图 8-15 ORB 使用说明

a—梯形图；b，c—指令表

（六）并联电路块的串联连接指令 ANB

两个或两个以上 i 触点并联的电路称为并联电路块。并联电路块和其他触点

进行串联连接时，使用 ANB 指令。电路块的起点用 LD、LDI 指令，并联电路块结束后，使用 ANB 指令与前面串联。ANB 指令是无操作目标元件的指令。ANB 指令的使用说明如图 8-16 所示。

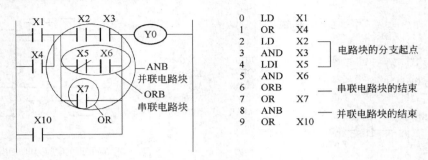

图 8-16　ANB 使用说明
a—梯形图；b—指令表

（七）多重输出指令 MPS、MRD、MPP

MPS 为进栈指令，MRD 为读栈指令，MPP 为出栈指令。

在 PLC 中有 11 个存储器，它们用来存储运算的中间结果，被称为栈存储器。使用一次 MPS 指令就将此时的运算结果送入栈存储器的第一段。再使用 MPS 指令，又将此时刻的运算结果送入栈存储器的第一段，而将原先存入的数据依此移到栈存储器的下一段。

MRD 为读出最上段所存的最新数据的专用指令，栈存储器内的数据不发生移动。

使用 MPP 指令时，各数据按顺序向上移动，将最上段的数据读出，同时该数据就从栈存储器中消失。

这些指令都是不带操作数的独立指令。MPS、MRD、MPP 指令的使用说明如图 8-17～图 8-20 所示。

（八）主控指令及主控复位指令 MC、MCR

MC 为主控指令，用于公共串联触点的连接；MCR 为主控复位指令，用于公共串联触点的消除。

MC 指令后，母线（LD、LDI 点）移到主控触点后，MCR 指令为将其返回原母线的指令。通过更改软器件地址号，Y、M 可多次使用主控指令，但不同的主控指令不能使用同一软器件地址号，否则就双线圈输出。MC、MCR 指令的应用如图 8-21 所示，在该程序示例中，当输入 X0 为接通时，直接执行从 MC 指令到 MCR 的指令。输入 X0 为断开时，成为如下形式：

（1）保持当前状态。积算定时器、计数器、用置位/复位指令驱动的软器件。

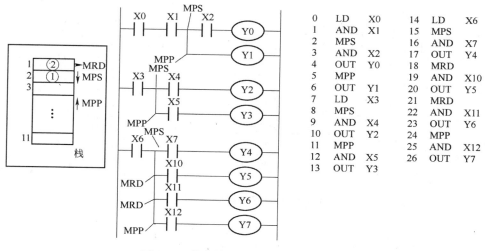

图 8-17 栈存储器与 1 段堆栈使用示例

0	LD	X0	14	LD	X6
1	AND	X1	15	MPS	
2	MPS		16	AND	X7
3	AND	X2	17	OUT	Y4
4	OUT	Y0	18	MRD	
5	MPP		19	AND	X10
6	OUT	Y1	20	OUT	Y5
7	LD	X3	21	MRD	
8	MPS		22	AND	X11
9	AND	X4	23	OUT	Y6
10	OUT	Y2	24	MPP	
11	MPP		25	AND	X12
12	AND	X5	26	OUT	Y7
13	OUT	Y3			

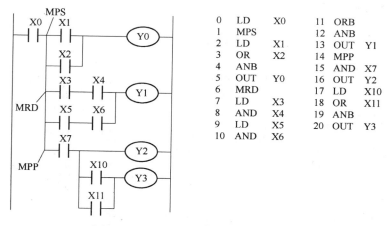

0	LD	X0	11	ORB	
1	MPS		12	ANB	
2	LD	X1	13	OUT	Y1
3	OR	X2	14	MPP	
4	ANB		15	AND	X7
5	OUT	Y0	16	OUT	Y2
6	MRD		17	LD	X10
7	LD	X3	18	OR	X11
8	AND	X4	19	ANB	
9	LD	X5	20	OUT	Y3
10	AND	X6			

图 8-18 1 段堆栈并用 ANB、ORB 示例

0	LD	X0	9	MPP	
1	MPS		10	AND	X4
2	AND	X1	11	MPS	
3	MPS		12	AND	X5
4	AND	X2	13	OUT	Y2
5	OUT	Y0	14	MPS	
6	MPP		15	AND	X6
7	AND	X3	16	OUT	Y3
8	OUT	Y1			

图 8-19 2 段堆栈应用示例

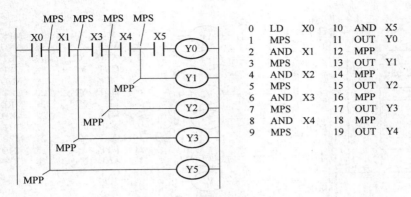

图 8-20 4 段堆栈应用示例

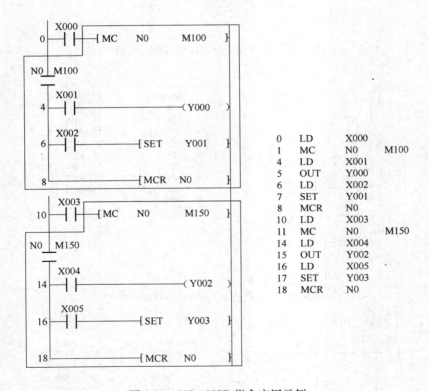

图 8-21 MC、MCR 指令应用示例

（2）变为 OFF 的软器件。非积算定时器，用 OUT 指令驱动的软器件。

在没有嵌套结构时，通用 N0 编程。N0 的使用次数没有限制；有嵌套结构时，嵌套级 N 的地址号增大，即 N0→N1→N2→N3→N4→N5…N7。在指令返回时，采用 MCR 指令，则从大的嵌套级开始消除，如图 8-22 所示。

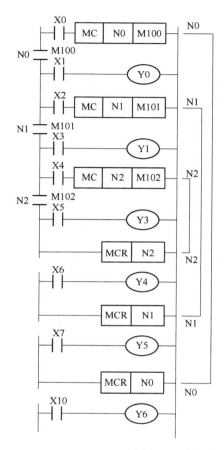

程序运行说明：

当 X0=OFF 时，夹在 N0 级内的程序不能运行；当 X0=ON 时，夹在 N0 级内的程序可以运行，N1 级、N2 级有效。

当 X2=OFF 时，夹在 N1 级内的程序不能运行；当 X2=ON 时，夹在 N1 级内的程序可以运行，N2 级有效。

当 X4=OFF 时，夹在 N2 级内的程序不能运行；当 X4=ON 时，夹在 N2 级内的程序可以运行。

Y6 的 ON/OFF 只取决于 X10 的 ON/OFF，与 X0、X2、X4 无关（因为它已在主控以外）。

图 8-22 主控嵌套应用示例

（九）取反指令 INV

INV 指令是将执行 INV 指令之前的运算结果反转的指令，是不带操作数的独立指令。使用说明如图 8-23 所示，当 X0 断开，则 Y0 接通；如果 X0 接通，则 Y0 断开。

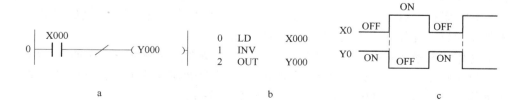

```
0    LD    X000
1    INV
2    OUT   Y000
```

图 8-23 INV 指令的使用说明

a—梯形图；b—指令表；c—时序图

（十）置位指令 SET 与复位指令 RST

SET 为置位指令，使动作保持；RST 为复位指令，使操作复位。SET、RST 指令的使用说明如图 8-24 所示。由图 8-24c 可见，当 X0 接通时，即使再变成断开，Y0 也保持接通。X1 接通后，即使再断开，Y0 也将保持断开。SET 指令的操作目标元件为 Y、M、S，而 RST 指令的操作元件是 Y、M、S、D、V、Z、T、C。

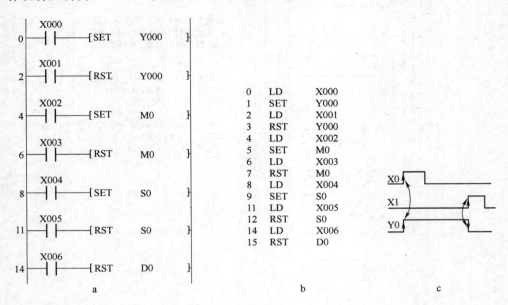

图 8-24   SET、RST 指令的使用说明

a—梯形图；b—指令表；c—时序图

（十一）微分输出指令 PLS、PLF

PLS 为上升沿微分输出指令。当输入条件为 ON 时（上升沿），相应的输出位器件 Y 或 M 接通一个扫描周期。

PLF 为下降沿微分输出指令。当输入条件为 OFF 时（下降沿），相应的输出位器件 Y 或 M 接通一个扫描周期。

这两条指令都是两个程序步，它们的目标元件是 Y 和 M，但特殊辅助继电器不能作为目标元件。其使用说明如图 8-25 所示。

使用这两条指令时，要特别注意目标元件。例如，在驱动输入接通时，PLC 由运行→停止→运行，此时 PLS M0 动作，但 PLS M600（断电保持辅助继电器）不动作。这是因为 M600 在断电停机时其动作也能保持。

（十二）空操作指令 NOP 与程序结束指令 END

NOP 为空操作指令；END 为程序结束指令。

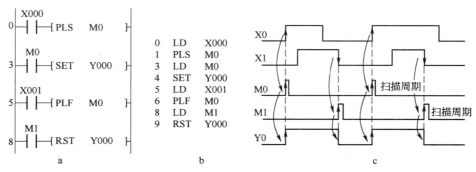

图 8-25 PLS、PLF 指令的使用说明

a—梯形图；b—指令表；c—时序图

NOP 指令不带操作数，在普通指令之间
插入 NOP 指令，对程序执行结果没有影响，
但是如果将已写入的指令换成 NOP，则被换
的程序被删除，程序发生变化，所以用 NOP
指令可以对程序进行编辑。如图 8-26 所示，
当把 AND X1 换成 NOP，则触点 X1 被消除；ANI X2 换成 NOP，触点 X2 被消除。

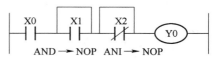

图 8-26 NOP 指令的使用说明

END 是程序结束指令，当一个程序结束时，要用 END，这时写在 END 后的
程序不能被执行。如果程序结束不用 END，在程序执行时会扫描完整个用户存储
器，延长程序的执行时间，有的 PLC 还会提示程序出错，程序不能运行。

例 8-1 根据图 8-27 写出指令表。

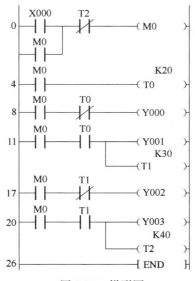

图 8-27 梯形图

解：

0	LD	X000	
1	OR	M0	
2	ANI	T2	
3	OUT	M0	
4	LD	M0	
5	OUT	T0	K20
8	LD	M0	
9	ANI	T0	
10	OUT	Y000	
11	LD	M0	
12	AND	T0	
13	OUT	Y001	
14	OUT	T1	K30
17	LD	M0	
18	ANI	T1	
19	OUT	Y002	
20	LD	M0	
21	AND	T1	
22	OUT	Y003	
23	OUT	T2	K40
26	END		

第九章　气力除灰控制系统

第一节　正压气力除灰控制系统

正压气力除灰系统的主要任务是以仓泵为发送器，以压缩空气作动力，沿除灰管道将电除尘器收集的飞灰干法送至灰库。然后把灰库里的干灰用车装运，或者搅拌成湿灰用汽车外运。整个过程以密封管理的形式输送。系统设有专用压缩机作为干灰输送动力并兼作控制气源，在系统末端一般设有储存原灰、粗灰、细灰的干灰库。气力除灰系统现场被控对象主要有仓泵，一般运行在自动控制方式。PLC 控制整个除灰流程，并向上位机传送仓泵各阀门状态进行开关控制，并以主要阀门（进料阀、出料阀等）的开关到位信号为控制标志。如果不以阀门的开关到位信号为控制标志，将容易导致事故发生。并且在现场控制箱以指示灯来表示阀门的指令，在控制室上位机 LCD 显示屏幕上，显示整套除灰系统的运行状态，使操作人员清楚现场设备的状态，在故障时能很快查明原因，迅速排除故障，恢复生产。

一、控制对象

正压气力除灰控制系统的监控范围一般包括除灰仓泵设备、公用空压机系统及公用灰库设备。由于电厂一般是一次建设两台机组，通常正压气力除灰控制系统也是采用两台机组合用一套控制系统配置。下面对正压气力除灰控制系统的控制对象及 I/O 点配置作简要介绍。

（一）除灰仓泵设备

控制对象主要包括安装在仓泵及管道上的各种气动阀门（进料阀、出料阀、排气阀、排堵阀、管路切换阀、一次气阀、三次气阀、排堵气阀、助吹气阀等）；各种远程控制仪表（料位开关、压力变送器、压力开关等）；以 600MW 机组 4 电场除尘器正压除灰系统为例，阀门典型配置（单台炉）如表 9-1 所示。

针对各个规模机组正压除灰仓泵设备系统的阀门 I/O 点进行分析，I/O 点配置大致如表 9-2 所示。

表 9-1　600MW 机组 4 电场除尘器正压除灰系统阀门的典型配置（单台炉）

除灰仓泵设备	进料阀	出料阀	排气阀	进气阀	三次气阀	排堵阀	排堵气阀
一电场	8	4	8	2	2	2	2
二电场	8	2	2	2	2	1	1
三电场	8	2	2	2	2	1	1
四电场	8	2	2	2	2		
省煤器	6	2	2	2	2		
合　计	38	12	16	10	10	4	4
进料阀及出料阀数量合计							50
仓泵本体上所有阀门数量							94

表 9-2　不同规模机组正压除灰系统阀门 I/O 的配置（单台炉）

机组容量（单台）	DI	DO	AI	AO
150MW 及以下	80	40	4	0
300MW	120	60	6	0
600MW	200	100	8	0
1000MW	300	150	10	0

（二）空压机系统

空压机系统的控制对象一般包括螺杆式空压机、冷干机、空压机电动门，另外还可能包括灰斗气化风机及灰斗电加热器，典型 6 台空压机的系统 I/O 配置如表 9-3 所示。

表 9-3　典型 6 台空压机的系统 I/O 配置

名　称	DI	DO	AI	AO
空压机（6 台）	18	12	6	
冷干机（6 台）	18	12		
电动门（6 台）	24	12		
母管压力			1	
气化风机（3 台）	12	6	3	

名　　称	DI	DO	AI	AO
电加热器（2 台）	8	4	2	
风机出口阀（4 台）	9	8		
合　计	89	54	12	

（三）灰库系统

灰库系统的控制对象一般包括灰库布袋除尘器、库顶切换阀、灰库料位计、加热器、干灰散装机、加湿搅拌机、加湿水泵等设备，典型 3 座灰库的系统 I/O 点配置如表 9-4 所示。

表 9-4　典型 3 座灰库的系统 I/O 配置

名　　称	DI	DO	AI	AO
布袋除尘器（3 台）	9	6		
库顶切换阀	33	16		
灰库料位计	6		3	
气化风机（4 台）	16	8	4	
电加热器（3 台）	12	6	3	
风机出口阀（6 台）	13	12		
干灰散装机（4 台）	24			
加湿搅拌机（5 台）	30			
合　计	143	48	10	

二、控制系统选型

（一）PLC 选型依据

根据 PLC 的 I/O 点数的多少，可将 PLC 分为小型、中型和大型三类。

小型 PLC——I/O 点数<256 点；单 CPU，8 位或 16 位处理器，用户存储器容量 4K 字以下。应用比较多的包括德国 Siemens S7-200 系列、美国 AB Micrologix 系列、法国施耐德 Micro 系列。

中型 PLC——I/O 点数 256~2048 点；单 CPU，16 位处理器，用户存储器容量 4~128K 字以下。应用比较多的包括美国 GE 公司的 90-30 系列，VersaMax 系列，德国西门子 S7-300 系列，美国 AB Compactlogix 系列，以及法国施耐德的 Premium 系列。

大型 PLC——I/O 点数> 2048 点；高性能、热备冗余型 CPU，16 位、32 位处理器，用户存储器容量大于 128K。应用比较多的包括美国 GE 公司的 90-70 系列、PAC 系列，德国西门子 S7-400 系列，美国 AB Controllogix 系列，以及法国施耐德的 Quantum 系列。

随着现代科技的发展，PLC 的功能不断完善，CPU 处理器位数、用户存储器容量越来越大；PLC 的分类已越来越模糊，以上列举的很多中型 PLC 已经具备了大型 PLC 的功能。

根据机组的规模，正压气力输灰系统 PLC 选型常用配置如表 9-5 所示。

表 9-5　正压气力输灰系统 PLC 选型配置

机　组　容　量	PLC 选型
2×150MW 及以下	中型 PLC
2×300MW	大型冗余型 PLC 两台炉合用 1 套 PLC
2×600MW	
2×1000MW	大型冗余型 PLC 每台炉用 1 套 PLC

（二）控制设备布置及特点

根据现场工艺及设备布置，正压除灰系统一般在就近区域设置远程 IO 柜，并在主控制室内设置主 PLC 控制柜；以 2×300MW 机组为例，各控制柜一般布置如下：

PLC 主控柜　　　　　　　　　布置在除灰控制室
1 号炉除灰 RIO 柜　　　　　　布置在 1 号炉除灰区域
2 号炉除灰 RIO 柜　　　　　　布置在 2 号炉除灰区域
空压机房 RIO 柜　　　　　　　布置在空压机房
灰库设备 RIO 柜　　　　　　　布置在灰库运转层

正压除灰控制系统具有以下几种控制方式，便于运行人员灵活操作：

（1）就地手动；
（2）远方软手操；
（3）料位（压力）自动控制；
（4）时间自动控制。

（三）上位机配置

对于 2×300MW 及以上机组，控制系统通常配置 2~3 台操作员站监控整个正压输灰系统，其中一台操作员站应兼有工程师站功能。装有操作系统和监控等软件的操作员站，可作为监视控制操作、日常报表事务管理使用。

安装有 LCD 和键盘的操作员站是程控系统的监视控制中心。具有数据采集、LCD 画面显示、参数处理、报警处理、报表打印的功能。上位机系统主要由 PC 主机、显示器、杀毒软件、监控组态软件、操作系统等组成。

飞灰输送系统和其他系统（如 DCS）的连接使用以太网（TCP/IP 协议），通信可以采用下列几种方式通讯：

采用网络 DDE 方式，网络 DDE 是使用 DDE 共享特性来管理网络进程间数据的方式。WINDOWS2000/XP 之间的网络通讯可以使用 WINDOWS2000/XP 自带的 NETDDE 功能。例如客户端（辅机系统上位机）运行 EXCEL 程序，服务器端（飞灰输送系统）运行组态程序，可以通过 NETDDE 实现两个程序之间的动态数据交换。

采用 OPC 方式，OPC 是用于过程控制和制造业自动化系统的一种工业标准，具有高性能的远程数据访问能力。典型的 OPC 如图 9-1 所示。飞灰输送系统的上位机作为 OPC 服务器，其他系统（DCS）作为 OPC 客户机。

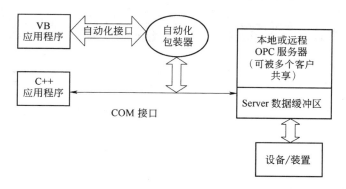

图 9-1　典型的 OPC

（四）控制网络配置图

典型 2×300MW 及以上机组正压除灰系统网络配置图如图 9-2 所示。

三、运行方式

正压除灰系统常采用仓泵间歇式输送方式，输送原理为正压浓相，每输送一组仓泵飞灰为一个工作循环，每个循环分五个阶段。

（1）进料阶段。先开启平衡阀，延迟 5s 后打开进料阀，进气阀和出料阀关闭，仓泵内部与灰斗连通，飞灰借重力和灰斗流化气作用落入仓泵内，当仓泵料位高至使料位计发出料满信号，或按系统进料设定时间控制，进料阀、平衡阀关闭，进料阶段结束。

（2）加压流化阶段。进料阶段完成后，系统自动打开进气阀（也称为一次

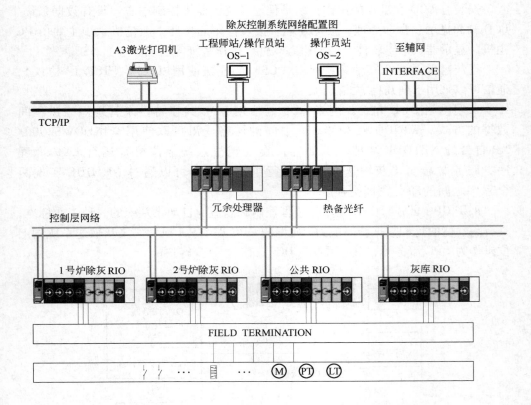

图 9-2　典型 2×300MW 及以上机组正压除灰系统网络配置图

气阀），经过处理的压缩空气经过流量调节阀进入仓泵底部，穿过流化锥后使空气均匀包围在每一粒飞灰周围，同时仓泵内压力升高至约 0.15MPa 时，系统定时打开出料阀，由三次气主吹。加压流化阶段结束，输送阶段开始。

（3）输送阶段。出料阀打开，此时仓泵一边继续进气，一边气灰混合物通过出料阀进入输灰管，飞灰始终边流化边进入输送管道进行输送，当仓泵内飞灰输送完后，管路压力下降，仓泵内压力降低，当仓泵内压力下降至使压力传感器发出信号时，输送阶段结束，进气阀和出料阀保持开启状态，进入吹扫阶段。

（4）吹扫阶段。进气阀和出料阀保持开启状态，压缩空气吹扫仓泵和输灰管道，定时一段时间后，吹扫结束，关闭进气阀，待仓泵内压力降至常压时，关闭出料阀，进入等待阶段。

（5）等待阶段。所有阀门关闭，等待时间到，打开平衡阀、进料阀，进入进料阶段。至此，系统完成一个输送循环，全自动进入下一个输送循环。

正压除灰系统运行时序逻辑如图 9-3 所示。

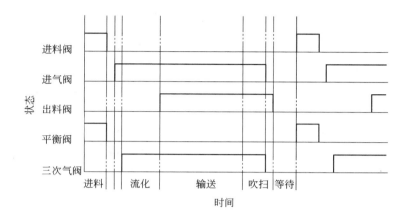

图 9-3 正压除灰系统运行时序逻辑示意图

四、控制原理

在正压气力除灰控制系统中，有很多的输入、输出点，控制结构和功能比较复杂。而在一般的线性程序中，整个用户程序存放在一个指令连续的模块中，程序以线性的或顺序的方式执行每条指令，这种传统编程模式设计出的程序既不容易阅读，也不容易验证其正确性。设计复杂的正压气力除灰系统必须采用结构化程序设计方法。结构化程序设计方法侧重于软件设计的模块结构和层次化特点。强调在设计程序前，要在总体上对软件的组成与模块结构进行分析和设计，程序在设计时进行自顶而下的逐步细化。

在气力除灰控制系统中，各组仓泵有几乎相同的功能，这里采用结构化的编程方法，对仓泵除灰的逻辑进行分析后，建立一个通用的仓泵除灰功能块。这个功能块封装了仓泵的内部属性，并具有明显的外部特征，可以独立地运用到系统中，提高了软件模块的重用性。在使用的时候，可以将仓泵除灰功能块看作一个"黑箱模型"，从而为程序阅读和高度带来方便。

典型的仓泵控制过程图见图 9-4。本逻辑图为单组仓泵的控制逻辑，仅供参考：（1）在共用平衡管的同组仓泵内，进料阀的开启按（与平衡阀的距离）由远到近延时开启；（2）同组仓泵内，每个仓泵都有料位计，料位优先，时间为辅；（3）输送控制以压力优先，输送时间为辅；（4）清堵过程，清堵气按工程实际情况考虑；（5）在控制逻辑中设计的时间量、压力值等整型量在上位机上均可视可调；（6）切换阀与对应出料阀互锁。

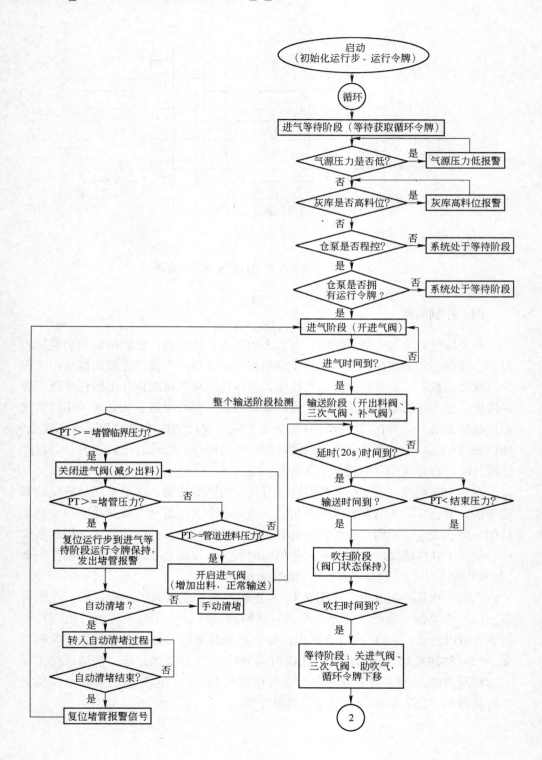

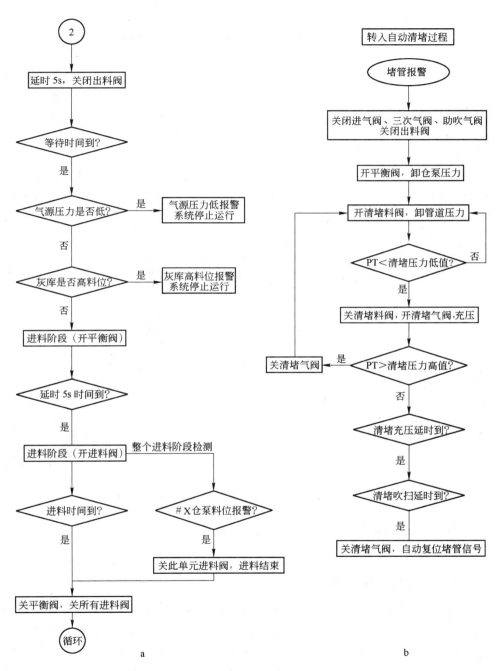

图 9-4 典型仓泵控制过程图

a—正常运行过程；b—清堵过程

第二节　负压气力除灰控制系统

负压气力除灰系统在抽气设备的抽吸作用下，空气和集灰斗中的灰一起被吸入输送管道，送至收尘装置处，经收尘装置将气灰分离，灰经排灰装置被送入灰库，净化后的空气通过抽气设备排入大气。负压气力除灰系统的抽气设备一般采用干式负压风机或水环式真空泵。气力除灰系统现场被控对象主要有灰斗下物料输送阀、抽气设备及库顶收尘排灰装置，一般运行在自动控制方式。PLC 控制整个出料流程，并向上位机传送各阀门进行开关控制。通常在控制室上位机 LCD 显示屏幕上，显示整套负压除灰系统的运行状态，使操作人员清楚现场设备的状态。

系统中通常布置一些分支管道，每一支管又包括几个受灰点，受灰点处安装物料输送阀，自动控制的支管隔离阀将各支管分开，使各自独立地运行。库顶收尘排灰装置，通常设置两级分离装置。负压除灰系统布置如图 9-5 所示。

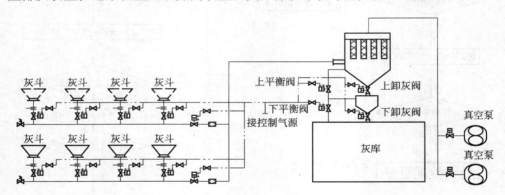

图 9-5　负压除灰系统布置示意图

根据负压气力除灰系统的工艺要求，一般可以将系统划分为三个主要的控制部分，下面分别进行介绍。

一、物料输送阀的控制

电除尘器的每个灰斗均有一台物料输送阀与除灰支管相连，最后汇集到除灰管。只有在灰斗所在的那一排准备排灰时，支管隔离阀才打开。物料输送阀依次顺序单个进行，灰送至除灰总管经库顶收尘排灰装置输送到灰库。

真空泵启动后，当除灰总管达到高真空时，高真空开关发出信号，同一排的物料输送阀依次打开开始出灰。一段时间后，真空度下降，低真空开关发出信号，物料输送阀关闭。当高真空开关再发出信号时，下一排的物料输送阀依次打开出灰……依次顺序进行，直到所有灰斗下的物料输送阀运行完毕，完成了一个除灰周期。

当某条分支管道中的第一台物料输送阀开始运行前，应先将其上的支管隔离阀打开，待这条分支管的最后一台物料输送阀运行完毕后，关闭该支管隔离阀。为了防止同时打开多个分支管隔离阀，减轻真空泵的负荷，在支管隔离阀间互有连锁。当某一支管隔离阀未关闭时，同一除灰母管上另外的分支管上隔离阀均打不开。另外，支管隔离阀与其分支管上的物料输送阀之间也有连锁，支管隔离阀未完全打开时，分支管上的物料输送阀均打不开。

二、抽真空设备的控制

负压气力除灰系统中的抽真空设备主要有干式负压风机或水环式真空泵等。以真空泵为例，每台真空泵均装有出口隔离阀，根据选择的真空泵的运行情况，决定其出口隔离阀的开启与关闭，然后启动相应的真空泵。

真空泵的正常运行是负压气力除灰系统正常运行的必备条件。如果真空泵发生故障，则发出报警信号，同时需投入备用真空泵。

真空泵的控制较为简单，与开启正压系统的空压机一样，没有过多需要注意的地方。

三、库顶收尘排灰装置的控制

负压气力除灰系统的库顶收尘排灰装置一般可分成两级：第一级为排灰器；第二级为收尘器，收尘器结构一般为旋风分离器+脉冲布袋除尘器结构，主要控制对象为脉冲布袋除尘器，控制较为简单。

排灰器主要对负压系统起密封作用，防止漏风，保证系统运行要求的高真空度。为保证真空度，排灰器一般设置上、下两层卸灰阀，分别称为上卸灰阀和下卸灰阀。两个卸灰阀均为气动阀，采用电磁阀进行控制，运行过程中，每次只能打开一个门，保证负压系统与灰库的常压系统隔离开。且两个卸灰阀由限位开关进行连锁，以防同时打开两个门，破坏系统的真空度。同时，在灰库与排灰器及排灰器与收尘器之间各装有一个平衡阀，用以平衡两室间压力，保证飞灰顺利落下；平衡阀同样为气动阀，采用电磁阀进行控制。

如果系统处于停机状态，则上、下卸灰阀和上、下平衡阀处于关闭状态。启动真空泵后，同时启动库顶收尘器其过程为：打开下平衡阀，平衡灰库和排灰器的压力，延迟5s后，打开下卸灰阀，飞灰落入灰库，间隔一段时间后（可调），关闭下卸灰阀，同时关闭下平衡阀；延迟5s后，打开上平衡阀，平衡收尘器和排灰器的压力，延迟5s后，打开上卸料阀，飞灰由收尘器落入排灰器，间隔一段时间后（可调），关上卸料阀，同时关上平衡阀；延迟 5s 后，再打开下平衡阀……进入下一个循环。这个部分的自动控制较易实现，只是简单的开关量输出和关断加上延时，触发定时器即可实现。

脉冲布袋除尘器用来收集旋风分离器的气流挟带走的飞灰，控制较为简单，只需控制脉冲布袋除尘器的启动及停止即可。

第三节　微正压气力除灰控制系统

微正压气力除灰系统中，由罗茨风机或空压机产生输送飞灰的正压流。电除尘器的每个灰斗下都装有一台锁气器，飞灰通过安装在灰斗内的流态化装置的流化进入锁气器，由锁气器出来的灰在输送风机的作用下以一定的速度输送到灰库。灰库配备有布袋除尘器以分离出灰气流中的空气，分离后的空气排向大气。微正压除灰系统布置如图 9-6 所示。

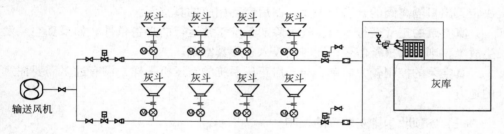

图 9-6　微正压除灰系统布置示意图

根据微正压气力除灰系统的工艺要求，一般可以将系统划分为三个主要的控制部分，下面分别进行介绍。

一、输送风机的控制

输送风机一般使用罗茨风机。每台罗茨风机均装有出口隔离阀，根据选择的罗茨风机的运行情况，决定其出口隔离阀的开启与关闭，然后启动相应的罗茨风机。

罗茨风机的控制较为简单，与开启正压系统的空压机一样，没有过多需要注意的地方。

二、锁气器的控制

锁气器的形式主要有两种：密封型电动给料机和双层卸灰阀。电除尘器的每个灰斗均有一台锁气器与除灰支管相连，最后汇集到除灰母管。只有在灰斗所在的那一排准备排灰时，支管出料阀才打开。根据系统输送风机风量的设置，锁气器的工作方式有两种形式：在输送风机输送风量较小，系统出力较小时，锁气器可采用交替运行；在输送风机输送风量较大，系统出力较大时，锁气器可采用同时运行方式。

三、布袋除尘器的控制

布袋除尘器控制较为简单：开启输灰前，先启动布袋除尘器，使灰库处于负压状态；系统停机后，延迟一段时间关闭布袋除尘器。

四、系统的启停流程

启动顺序：启动布袋除尘器→启动输送风机→控制锁气器输送。

停机流程：关闭锁气器输送→停止输送风机→停止布袋除尘器。

第十章 气力输灰系统的安装、调试、运行及常见故障

气力除灰作为一个系统工程，系统设计、设备性能水平及其供货质量、安装和运行的好坏是影响系统和设备能否正常运行的四大主要环节，它们是有机地结合在一起的，任何一个环节出了差错都会影响系统的正常运行，同时后续环节也可以弥补前面环节的不足。

由于正压浓相气力输灰系统在燃煤电厂应用最为广泛，因此本章主要介绍正压浓相气力输灰系统的安装、调试及运行。

第一节 系统及设备的安装要求和注意事项

气力输送系统的安装，是气力除灰系统设计与制造之外的又一个重要环节，安装质量的优劣，将直接影响到气力输送系统以后运行的好坏。因此安装过程中必须保证或遵循以下要求和注意事项并认真阅读项目有关的图纸和技术资料，弄清系统设备的原理、结构和安装注意事项，编制安装计划和施工组织计划，制订详尽有效的质量计划和安全、文明施工措施，并在安装过程中严格执行。

一、系统及设备的安装要求和注意事项

（一）对安装单位资质的要求

（1）承担气力除灰系统及设备安装的单位必须具备国家有关主管部门认可的压力管道安装资质，涉及仓泵等压力容器安装的应同时持有压力容器安装许可证。

（2）应尽可能让有气力除灰系统及设备安装经验的安装单位承担安装任务。

（二）气力除灰系统及设备安装的一般要求

（1）成立安装项目组，任命有气力除灰系统及设备安装经验又认真负责的工程技术人员担任项目技术负责人，负责安装的技术指导。

（2）认真阅读项目有关的图纸和技术资料，弄清系统及设备的原理、结构和安装注意事项，结合安装计划和安装作业指导书制订详尽有效的质量计划，并在安装过程中严格实施。

（3）应当对项目进行分解，对各个设备和各安装阶段，特别是重要设备的

安装，都应落实到专人进行安装和检查；上一阶段的安装工作未经检验人员检查合格前不得进入下一步安装。

（4）安装的进度和质量应当与经济责任制挂钩，并有制度保证切实有效地实施。

（5）对重点设备或关键阶段可以采取攻关的办法，结合 QC 小组的活动，采取积极有效的措施。

（6）与系统设计单位和设备供货厂商保持经常有效的联系，请他们讲课或介绍系统和设备的原理、结构、安装的注意事项，以便对所安装的项目在技术上心中有数，工作中有把握。

（7）必须采取有效的措施保证所安装的设备、材料、焊条等辅料的进货质量。设备应有合格证和说明书，材料要有质保单，压力容器须有国家监检机构的合格认可印记；设备和材料到货后，应与供货厂商共同组织开箱验收，合格后才可接收。必要时可请有经验的第三方参加检验。

（8）严格按图施工，如有异议或变更，必须取得设计单位的书面认可。

（三）安装前检查

（1）检查验收气力输送系统土建基础（包含仓泵基础、管支架基础）是否具备安装条件，预埋件是否符合图纸要求，标高等尺寸是否在公差范围内。

（2）施工场地应当方便物料进出、堆放，满足通水通电条件。

（3）各岗位工人证件齐全（包含起重工、焊工、安全员、电工、保险证明、健康证明），开工报告、安全交底、技术交底等开工前的手续应完整。

（4）系统设备到货应齐全，完整。开工前应清点清楚，书面移交安装队或业主保管，以免安装缺件影响安装进度。

（四）安装工艺过程

1. 输送设备的安装

（1）在除尘器、省煤器和空气预热器、中间仓、灰库等施工完毕，并且清除除尘器、省煤器和空气预热器、中间仓内一切杂物后，才能安装气力输送设备。

（2）仓泵安装前，检查清除仓泵内异物。

（3）检查、校平、打磨气力输送系统设备安装接口法兰面、方圆节法兰面。

（4）按安装图定位仓泵出灰口方向，仓泵筒体和支座垂直度应不大于仓泵整体高度尺寸的 1/1000。

（5）安装顺序：先安装插板阀、伸缩节；然后校准仓泵的垂直度，并调整仓泵支座位置使其与仓泵支撑预埋件的位置对应；串联仓泵系统，头尾仓泵之间管道直线度偏差不超过 1.5mm。连接气管、灰管管道、阀门等，最后再固定仓泵支撑。

（6）各法兰结合面应平整，安装前应检验；气、灰管口法兰垫用石棉橡胶板，插板阀、方圆节的连接处用石棉绳或盘根做密封垫，管螺纹连接处用麻绳或聚四氟乙烯生料带做填料。各个连接面不得有漏气、漏灰现象。

（7）平衡管、清堵管与灰斗接口应高于灰斗高料位，但低于电除尘器要求的安全距离；排堵阀安装接口与输送管道中心线的距离应小于 800mm。

（8）仓泵间流化管道（双套管）的安装要与标记方向相符，内套管在外管的顶部。

（9）对吊挂式安装的仓泵，一次气管、三次气管、清堵进气管要用可以吸收膨胀的连接软管，软管安装不得有急弯。进料阀、平衡阀、清堵阀等阀门的控制气管增加 U 形结构吸收热膨胀。

2. 阀门的安装

阀门安装前，应拆除封堵等保护装置，保证阀腔、管道及连接面四周无杂物。安装要便于操作和检修。

（1）阀门的分布。下引式仓泵和中引式仓泵主要阀门分布如图 10-1、图 10-2 所示。

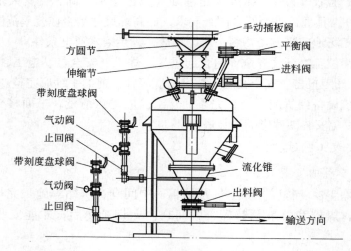

图 10-1　下引式仓泵主要阀门分布

（2）阀门气缸不得低于阀体高度。对于用双闸阀作出料阀、分路阀，气缸应尽量高于阀体高度。防止阀体积灰，影响动作，双闸阀作为出料阀时应特别注意其安装方向（图 10-2）。

（3）进气止回阀宜竖直安装，仓泵、输灰管道的进气止回阀尽量靠近仓泵、输灰管道布置，以防倒灰。其他阀门在便于操作和检修的前提下要尽量远离止回

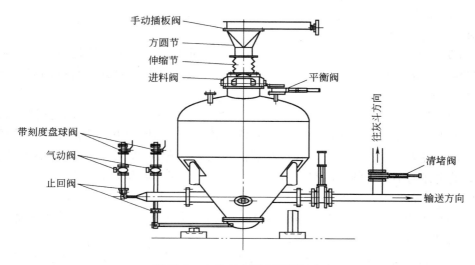

图 10-2　中引式仓泵主要阀门分布

阀安装。

（4）螺纹连接的阀门应设置方便检修的活接。

（5）进料阀、平衡阀、清堵阀、进气阀、止回阀安装要注意介质方向。

（6）与阀门法兰连接的管件不得在阀门处实施焊接，以防高温损坏阀门材质。

3. 伸缩节的安装

伸缩节安装后波纹节不能有弯曲现象。省煤器安装有径向膨胀要求时需偏心安装。

（1）橡胶伸缩节应处于自然状态，不能拉长或压缩安装。

（2）套筒式伸缩节的内套应插入外套高的 2/3 处，安装结束后，将螺栓重新对角，均匀紧固并保证密封。

（3）金属波纹伸缩节（膨胀节、补偿器）安装前先检查是否有做预拉伸或预压缩，需根据膨胀系数做预拉伸或预压缩安装（膨胀系数根据图纸要求或咨询设计人员）。在安装检查后投运前需要将伸缩节（膨胀节、补偿器）运输用的固定螺栓松开（符合膨胀值），螺杆只能起到导向作用，使其在一个方向可以自由移动或可以使其在两个方向自由移动。

4. 管道的安装

气力输送管道主要分为输送管道和压缩空气管道。

（1）输送管道和压缩空气管道一般采用普通的无缝钢管，管道焊接要求按相关规范，不得有错口、折口、间隙。

（2）输灰管道走向应按设计图安装，确因现场情况需变动必须取得设计单位的书面认可，改变走向时以减少弯头，规避斜爬、下降为原则。除尘器灰斗下输灰支管道接入输灰主管道应水平接入。

（3）管道对接焊时，其中心线偏差不得超过 1.0mm；每段管道拼接前，须清理管子内部杂物；焊接时需使管子内部平滑，内侧焊缝无凹陷，焊缝凸起小于 1mm，且焊渣不能进入管内。

（4）法兰连接侧平面与管道要齐平，管道不得突出法兰表面，并且法兰只在单侧进行焊接；法兰连接时应保持平行不得用强紧螺栓的方法消除歪斜。管道错边量不应大于 1mm。同时，还应注意法兰上密封垫的内径不小于管道通径。因为管道内任何不光滑的凸出都会增加管道阻力，引起涡流和磨损，影响气固两相流的正常流态和运行工况。

（5）管道连接时，不得用强力对口，也不得用加热管子、加偏垫等方法来消除接口端面的空隙、偏差、错口或不同心等缺陷。

（6）管道支架分固定支架、导向支架和滑动支架。固定支架，必须将管道充分拉紧，用双螺母并紧，使固定支架与管道紧固牢靠；而导向支架，上、下螺母拧紧后应使抱箍（U 形螺栓内侧）与管道顶面有 1mm 以上的间隙，以使管道在热胀冷缩时可以沿长度方向滑动；滑动支架使管道在热胀冷缩时可以沿长度方向和径向滑动。对于采用铸石或耐磨合金等脆性材料制造的除灰管弯头，不允许产生变形，其两端的支架均需采用固定支架。

（7）管道安装尺寸极限偏差见表 10-1，法兰连接尺寸极限偏差见表 10-2。

表 10-1　管道安装尺寸极限偏差

项　目			极限偏差/mm	
管中心标高尺寸	室外	架空	15	
		地沟	15	
		埋地	25	
	室内	架空	10	
		地沟	15	
水平管直线度	$Dg \leqslant 100mm$		$L/1000$	最大 20
	$Dg > 100mm$		$1.5L/1000$	
立面垂直度			$2L/1000$	最大 15
成排管段	管底平面度		5	
	管间距		+5	
交叉	管外壁或保温层间距		+10	

注：Dg 为管道公称直径，L 为相应管道长度。

表 10-2　法兰连接尺寸极限偏差

法　兰	极限偏差/mm	
$D \leqslant 100$	0.4	
$100 < D \leqslant 200$	0.6	
$D \geqslant 200$	0.8	

（8）输送管道上的进气装置应从气源母管的侧边或顶部引接。

（9）与阀门等设备法兰连接的管件不得在阀门等设备处实施焊接。

（10）施工图中没有绘出的管道布置（如气源支路管道、仪用气管道、气化风管道等）施工时，要注重就近、整齐、美观大方，操作、维护、检修方便，安装牢固、可靠。

（11）管道的清扫。接至任何设备前管道都要清扫干净，才能连接设备。

5. 气源设备的安装

（1）气源设备主要是空压机（或鼓风机等）、干燥机、贮气罐等。

（2）检查包装箱是否完整无损，并检查机组有无损坏。开箱后机组的搬运安装工作要按有关搬运事项严格进行。

（3）安装前应阅读随机设备说明书，了解各设备的安装注意事项和方法。

（4）按空压机房设备布置图或安装图定出设备的安装位置并检查基础。

（5）空压机、干燥机应置于平整的混凝土地坪上，高于地面 100 mm 以上，便于连接各进出气管路。

（6）空压机、干燥机与其他设备的连接管安装，不应对空压机、干燥机产生附加载荷，使空压机、干燥机位移或震动。

（7）贮气罐的基础外形尺寸与混凝土强度均应符合设计要求。预埋钢板的位置和规格尺寸或地脚螺栓均应符合安装图纸要求。

（8）贮气罐安装垂直度为储气罐整体高度的 1/1000，压力表朝向要便于观察，安全阀如无排空管设置，排空口朝向不能对着近距离的走道、窗户、墙壁等。

（9）配管时，要求排气管道的公称直径至少同压缩机的排气接管公称直径一样，所有管道和管接头应满足额定工作压力，应尽量减少使用弯头及各类阀组，以减少压力损失。配管过长时，应适当加大管径。

（10）管道焊接应符合相关规定。

6. 电气设备安装

电气设备、仪表安装应符合相关规范及施工图要求。

（1）现场控制箱（就地控制箱）就近安装在仓泵边上或仓泵支撑上，仪用空气管道应由下而上与控制箱连，并使用1/2in（或3/4in，1in=25.4mm）的管路、球阀、气源三联件与控制箱进气管连接，管路与控制箱入口连接需要使用活接头；控制箱与所控制设备相连的气管路长度不宜超过5m。并要求横平竖直且管内不得有杂物，气管围弯时弯管通径不得小于原管径的2/3。

（2）控制电缆、仪控气管接线前，请仔细核对图纸，避免返工。

（3）输送管路上的压力变送器和压力开关在安装调试前需要重新校验。

（4）各仪器仪表要等安装座焊接完全冷却后才能装上。

（5）各仪表、电磁阀指示动作应正常，信号反馈正确、有效。

（6）电缆线路的安装应符合GB50168的规定；电气设备的调试应符合GB50150的规定；各控制箱、控制柜的接地或接零牢固可靠，接地装置的安装应符合GB50169的规定。

（7）各控制箱、控制柜与基础型钢的连接牢固可靠；型钢安装垂直度允许偏差不大于1mm/h，水平度允许偏差不大于5mm/L。

（8）仪表安装位置要防湿、防尘并便于观看及检修。

（五）设备清扫、保护

所有设备安装后、动作前必须确认相关设备内无杂物，以免调试、运行过程中发生故障。

（1）所有设备安装完成后，必须将输送设备、管道及其相关设备（除尘器灰斗内、省煤器和空气预热器灰斗内、中间仓内、灰库内等）清理干净。

（2）仪用空气管道吹扫：在控制空气满足要求后，拆下气控箱的过滤器对仪用空气管道进行吹扫，吹扫沿支路由近到远进行，避免杂质对气控阀工作的影响。

（3）输送空气管路吹扫：所有输送空气管路整体安装后，首先必须进行吹扫，吹扫前将气动进气阀门前的管道及仓泵的管道拆开对空吹，吹扫沿支路由近到远进行，避免杂质对气控阀的阀芯和密封圈造成损坏。

（4）现场安装时，应对未安装的设备和已安装完毕的设备采取保护措施，避免与其他设备碰撞，避免雨水、杂物进入设备或阀门、管道内，并注意防盗。

（六）输送及压缩空气系统气密性实验

系统设备、管道安装完毕后须进行气密性实验。该实验是对系统设备及管道安装质量的一次综合性检验。输送系统的气密性对运行的影响是至关重要的，它将直接影响到系统的安全运行、能耗。

第二节　气力输灰系统的调试及常见故障分析

气力除灰系统的调试在系统和设备安装完毕后进行。

一、系统调试

（一）调试前的准备（确保检修手动插板阀处于关状态）

（1）认真研究和熟悉设备说明书及有关技术文件，了解设备的性能和构造，掌握其操作程序、操作方法及安全技术守则。

（2）检查压缩空气的压力是否满足要求，并保证相应条件。

（3）在控制空气满足要求后，拆下气控箱的过滤杯对仪用空气管道进行吹扫，吹扫时沿支路由近到远进行，避免杂质对电磁阀工作的影响。总进气管线吹完后，要对电磁阀与阀门间的气管吹扫，首先关闭控制箱的总进气，之后把阀门上的气管拆下，打开总进气，开关此阀门的电磁阀后把所装气管安装回原位置。所有阀门都依次吹一遍。`

（4）进入仓泵的所有输送空气管路安装完成后，首先必须进行吹扫，吹扫前将仓泵入口前的管道拆开对空吹，避免杂质对进气阀门的阀芯和密封圈造成损坏。

（5）所有设备动作前必须确认相关设备内无杂物，特别注意以下部分：

1）静电除尘器灰斗：确保灰斗内无施工废弃物，所有振打锤连接牢固可靠。

2）省煤器和空预器灰斗：该部分灰斗直接与锅炉烟道相连，其相连部分焊接工作量大，且该灰斗以上通常由锅炉队伍安装，输灰系统由静电除尘器队伍安装，容易出现问题。经常发现焊条及废弃物和保温棉，需特别注意。

3）仓泵内异物必须清除干净。

4）灰库内异物必须清除干净。

（6）根据要求对各润滑部位充填符合要求的油脂。

（7）检查所有的螺栓是否拧紧，键、插销是否稳固。

（8）检查各零、部件有无损坏及其他缺陷，零、部件有无遗漏不齐全的情况。

（9）输送及压缩空气系统气密性实验。系统设备、管道须进行气密性实验。该实验是对系统设备及管道安装质量的一次综合性检验。输送系统的气密性对运行的影响是至关重要的，它将直接影响到系统的安全运行、能耗。气力除灰系统中输送设备与管道的气密性实验须分别进行。

气密性实验须用堵板对管道封堵，堵板的最佳位置：输送设备出料阀（位于最后一个仓泵的出口管道处）或管路切换阀后法兰处，输灰管道进入灰库或中间仓的终端箱或弯头前法兰处。

（二）气源部分调试

（1）关闭储气罐通往用气单元的闸阀。

（2）初次启动空压机应注意：检查电气接线是否安全可靠；检查油位，应在视油镜中心线附近；打开排气截止阀；接通电源，启动后立即停止，查电机方向应正确；再次启动压缩机，并缓慢关闭截止阀，直到压缩机排气压力为额定压力；检查系统是否严密，在空压机运转过程中应仔细观察和检查其运转是否平稳，有无异常声响或噪声。关闭排气截止阀，检查卸载压力是否与设定值一致。

（3）正常启动空压机应注意：启动前检查空压机系统正常，设备、按钮合格；电气接线安全可靠；检查油位合格；凝结水疏水畅通；储气、供气设备及管道正常。

（4）空压机、干燥机的调试参照设备产品使用说明书，一般由生产厂家的调试人员进行调试，气源压力整合在 0.6~0.7MPa 之间。

（5）空压机调试好后应对管道进行吹扫，吹扫干净再把气管接入用气设备。

（三）输送部分空载调试（确保检修手动插板阀处于关状态）：

（1）检查气源压力是否符合设计要求。

（2）检查三联件内润滑油是否保证气动元件在工作中得到油雾润滑，检查所有圆顶阀是否进行润滑脂的注入工作。

（3）打开控制气路的手动阀门，调节气源三联件上减压阀（顺时针压力增高，逆时针压力降低），将控制压力调整适宜。

（4）接通相应仓泵现场操作箱电源，将仓泵现场操作箱上控制按钮开关置于停止状态，逐个对仓泵进行检查。

（5）将仓泵现场操作箱上控制按钮开关用手动开关数次，检查仓泵各阀门动作正确、灵活、到位。

（6）检查切换阀动作与管路相对应。

（7）将仓泵上压力开关（如果有）压力值设定为压力上限，下引式仓泵可无压或低压力开泵，压力上限的设定根据具体工程确定。调压方法详见压力开关或压力变送器使用说明书。

（8）调节进气量设定加压时间：关闭进料阀、出料阀、平衡阀，打开进气阀充压，测定至上限压力的时间与设计加压时间是否相应，如不符，则调整带刻度盘球阀的开度刻度，重新进气测定时间。反复以上方法调整至要求。观察仓泵上压力表值，上引式仓泵的加压时间取仓泵进料 1/2~2/3，即进半罐料或多半罐料后加压至压力上限的时间作为设定的加压时间（应根据现场实际情况而定，如距离较短，灰较细，可按上述设定，如灰较粗，距离较长，应现场试验后确定）。下引式仓泵的加压时间取仓泵进满料后加压至压力上限的时间作为设定的加压时间。仓泵加压时间设定后带刻度盘球阀不得随意调整。

（9）将仓泵的进气阀手动打开，待仓泵内的压力升至设定值时，手动打开出料阀，对仓泵、管道进行空排，以清除仓泵、管道内的异物及粉尘。

（10）手动打开出料阀，观察仓泵压力表指示的压力变化。当压力下降到某一恒定值时，将此压力值加上 0.02MPa 设为仓泵的压力下限。调压方法详见压力开关或压力变送器使用说明书。

（11）将消堵压力开关压力调整到设定值，调压方法详见压力开关或压力变送器使用说明书。

（12）将堵管压力开关压力调整到设定值，调压方法详见压力开关或压力变送器使用说明书。

（13）系统空载程序调试：系统的空载调试应在各设备处于良好状态后进行，按设定的运行程序在 PLC 的控制下进行。在系统的指令下，分别启动有关设备进行空载运行试验，主控室应根据模拟屏或 CRT 上显示的信号，一一通过无线通信设备与现场调试人员进行核对程控状态下各设备动作位置以及顺序和连锁的正确性，有故障的由现场人员进行检查和排除。

（14）按上面步骤将仓泵逐个调整完毕后，将控制设为自动控制状态，启动 PLC 观察程序运行，并对程序运行对应的各个阶段时间作一记录，以备调整之用。

（四）灰库部分调试

（1）启动前应检查电源是否正常，电源正常后才能操作以下步骤。

（2）启动气化风机必须严格按照该设备使用说明书操作。确认管路中各阀门完全打开；齿轮箱中的油在规定油位范围内；轴承部有加注适量润滑脂；检查 V 形带松紧合适；搬动皮带轮，确认机内无杂物；点动按钮确认电机旋转方向。以上步骤都确认无误后启动气化风机，检查运转是否平稳，有无异常声音等；检查各部分应无较高温度，没有不正常的气味或冒烟现象。风机在正常运转中，严禁关闭进、排气阀门；也不准超负荷运行。运行两天后检查 V 形带松紧，如有变化重新调整。

（3）启动电加热器必须严格按照该设备使用说明书操作，接线经检查无误后将空气开关（在柜内正面上方）置分的位置，"现控-集控"开关置"现控"，"现开-现关"开关置"现关"位置，可控硅电压调整器的"手动-自动"开关置"手动"位置，并手动调节旋钮最小，然后向加热器送气，向温控柜送电，合上空气开关，电源指示灯亮，数字温度调节仪有指示：按数字温度调节仪说明书，设定需要的控制温度，并将上限设定值调到高于控制设定 10~15℃。开"现开"开关，此时工作指示灯亮，慢慢调节旋钮，使调节输出约为 50%，观察三相电流是否平稳，温度是否上升，确认无异后，调节旋钮输出至满负荷，然后将"手动-自动"开关置"自动"位置，即可投入正常运行。

（4）检查库底气化装置的管道是否泄漏，气化板表面透气均匀正常，气化槽表面透气均匀正常。

（5）启动干灰散装机必须严格按照该设备使用说明书操作，检查升降机油缸油位正常（使用 68 号润滑油，以浸满齿轮为准。使用 600~1000h 更换一次），检查各手动阀门处于打开状态，各电源经检查无误，打开库底流化气装置，按照顺序：启动抽风机—散装头下降—库底卸料器（气动插板阀）开—系统给料—料罐装满料位报警—库底卸料器（气动插板阀）关—散装头上升完成装灰。系统各阶段主要是上升、下降行程的限位，料位仪是否灵敏，给料机或库底卸料器动作是否符合规范等。经确认无异后，即可投入正常运行。

（6）启动电动给料机必须严格按照该设备使用说明书操作，检查电源是否正常，检查减速机油缸油位正常，点动按钮确认电机旋转方向及叶轮等各部件运转正常，确认无误后启动给料机，参照该设备使用说明书中的调试内容检查运转是否平稳，有无异常声音等。

（7）启动加湿搅拌机必须严格按照该设备使用说明书操作，检查给料机或库底卸料器、加湿搅拌机旋转方向是否正确，运转是否平稳，有无异常声响。启动顺序和停机顺序是否正确。带负荷运行后检查皮带松紧程度，如有变化，重新调整。

（8）启动袋式除尘器，参照该设备使用说明书中的调试内容检查电磁阀、脉冲阀工作是否正常，以及有带负压风机的工作是否正常。

（9）启动包装机，参照该设备使用说明书中的调试内容，主要是给料机或库底卸料器、进料机构动作是否规范，称重仪是否准确等。

（五）系统负载调试

空载调试并经消缺处理后，系统即可进入负载调试。

（1）再次检查清除灰斗内及上部相关部分杂物，确认清除后打开检修插板阀，做好进料准备。同时将空压机、干燥机、冷却水、灰斗气化风机和电加热器、灰库气化风机和电加热器、布袋除尘器、库顶连通阀投入运行。

（2）逐一启动每组仓泵的自动控制运行程序，并对相应程序运行时间、压力变化作记录。运行时参照主控柜上的表计显示的压力等参数的示值和记录仪上的压力-时间曲线图，以及现场的工况和表计示值，判断系统的运行工况，并与现场调试人员一起作一些适当的工况调整。当主控的报警牌有故障信号显示时，可根据报警信号的提示分析和找出原因，进行调整或维修。

（3）每组仓泵逐一启动调试完毕，整个输灰系统进入自动负载运行。根据现场观察实际运行时间参数，调整程序设定的相应的时间参数，保证系统正常、可靠、低耗、高效运行。

（4）静电除尘第一次投运时，由于锅炉产生的油灰不属于干灰输送系统的正常输送范围，如果出现输送困难的现象，可通过气量调节阀调大气量，此时输送耗气量大，应采用少量多送原则（进料 2~5s）同时启动备用空压机。锅炉停燃油运行 3h 后，输送系统开始逐渐增加装料时间直至满泵输送。如果不是第一次投粉运行，每次在投静电除尘器前几个小时，要求提前开启静电除尘器振打装置，将上次静电除尘器内的余灰清理干净，确保油灰不与余灰混合，造成落灰更加困难，此时输灰系统以少量多次运行，直至锅炉投粉运行。

（5）锅炉和静电除尘器停止运行后，静电除尘器的振打装置仍需运行 3h 以上。此时灰温逐渐降低，需要降低泵的装灰量，输灰系统持续运行，直至确认灰斗清空为止，并应打开静电除尘器侧门检查。

（6）负荷稳定后，需重新调整一、三次气比例及总气量至正常值。一般情况下，开始阶段三次气开大一些，开泵压力低一些；负荷稳定后，三次气调小至正常值，开泵压力稍微调大一点。开泵压力的设置需现场观察确定，在保证出力的情况下，尽量降低开泵压力、气量及输送次数。

二、系统调试中的常见故障分析和处理

（一）堵管

堵管通常发生在仓泵等发送器出口后不到 150m 的起始段内，这是因为起始段的流速低、浓度高、流态最不稳定，随着输送过程中摩擦阻力对压缩空气能量的消耗，管内压力逐渐降低，比容增加使压缩空气体积膨胀，流速增高，就不容易发生堵塞了。后段管道就是堵塞了也会自动疏通，因为后段管道由于为了控制过高的流速来防止磨损，往往采用扩径设计，使管径增大、浓度降低，初速也较前段设计得高，因此就是大粒子趋向沉积于管底，当流速在一定的范围内时，管底流仍能继续输送。万一出现栓塞，由于大粒子间的缝隙大，中间可有气流通过，同时在栓塞后堵塞位置前部的压力会上升而增加推压料栓的静压力，从而使料栓崩溃而疏通，使输送得以继续进行下去。当然在料栓崩溃时会引起压力波动，产生振动和响声，行话叫"放炮"。因此一方面在设计时应合理控制输送流速，另一方面还应注意后段管道支架的强度，控制滑动支架的间隙，以免"放炮"时损坏支架和管道而造成事故。

1. 堵管的原因分析

堵管的原因可能是下述中的一个或数个综合作用引起的。

（1）误操作：在输送过程中误关了压缩空气，使管内物料沉降，再通气时就容易发生堵管。

（2）空压机故障使输送空气压力和流量下降，或采用集中空压机站用管网供气时，别处突然大量用气致使输送气量减少、压力降低造成物料沉降而堵管。

（3）空压机至仓泵或输料管间的空气管道存在泄漏。

（4）系统设计时压缩空气的压力或流量选择得过小，或管道匹配不当，造

成起始流速不能使物料充分悬浮流动，在这种情况下堵管会经常发生。

（5）仓泵进料阀或排气阀在输送工况下存在泄漏。在双仓运行工况下，这种泄漏不但会使产生泄漏的仓泵延长输送时间，仓泵或管道内的物料不能全部输完，还会使另一台仓泵输送时发生堵管。

（6）仓泵马蹄管间隙调得过大，使输送浓度过高造成堵塞。

（7）仓泵一、二次风调整不当，造成浓度过高而堵塞。

（8）仓泵装料过满，物料气化不良，使粉煤灰的流动性变差而影响输送。

（9）输送管尾部灰库上的袋式除尘器运行不良，滤袋上积灰过多掉不下来使输送的背压过高引起堵管。

（10）因煤种的变化，锅炉燃烧工况的变化，省煤器或静电除尘器故障造成的粉煤灰温度降低、颗粒粗大、含水量和灰量增加或化学成分的变化，使系统不能适应变化了的工况。

（11）锅炉启动初期的油灰或冷态灰不适合设计的输送工况。

（12）因雨水侵入或喷水冲洗等原因使粉煤灰受潮黏结、颗粒增大，输送时摩擦阻力增加引起的堵管。

（13）除灰管或空气母管上的阀门未全开，造成局部阻力过高或供气不足。

（14）灰斗气化不良，造成物料的流动性较差。

（15）除灰管内有异物或大块物料堵塞。

（16）空压机在卸荷状态下开泵输送，而空压机重新升荷需要一定的时间，造成在这一段时间内系统供气不足，使除灰管内的物料流速下降，沉积而堵塞。

2. 故障的处理

首先应将堵塞疏通，疏通的方法有：

（1）对于低碳钢管，可以在堵塞位置的管外采用锤击的方法，使堵塞位置的物料受到震动而疏松，使之能在输送压力下吹通。此法适用于堵塞不太严重的工况，锤击时注意不要损坏钢管。铸石管、合金钢管等脆性材料不适合此法。

（2）对装有除灰管沿程吹堵装置的系统，可先用小锤轻敲管道，找出堵塞位置（一般在空管敲击时声音清脆，而堵塞的部位受到敲击时则声音沉闷；锤击检查法同样可以用来判断卸料管的堵塞位置或仓泵内的大致料位），然后从堵塞位置的后一个吹堵装置开始，就地拧开吹堵阀门，让压缩空气进入除灰管，吹通约30s后，关闭此阀，再打开前一个（向仓泵方向）吹堵阀进行吹堵，直至全线疏通。也可以在控制室，用主控柜上的远方手操吹堵开关从堵塞位置开始，向仓泵方向逐一打开吹堵阀进行吹堵，吹堵时同时观察主控柜上空气母管压力表的示值，当压力降至接近关泵压力时，可视为该点已经吹通，可关闭此点的吹堵阀，开启下一个吹堵阀进行下一个点的吹堵作业。当堵塞位置不明时，可从最后一个吹堵装置吹起。一般空管吹堵时空气母管上压力表的示值下降很快，发出的声音也不一样。碰到空管，可以立即关闭此阀，进入下一个或跳过 1~2 个吹堵阀吹堵，以节约吹堵时间。

全线吹通后，再开启仓泵的进气阀进行全系统输送，以清除仓泵内积存的物料，并对除灰管进行扫积，为下一步的正常输送做好准备。

当开启某个位置的吹堵阀后如仍吹不通，可关闭此阀，再选后面（向灰库方向）的吹堵阀进行吹堵，直到能吹通为止。

（3）旁通式吹堵。根据目前的最新经验，在系统设计时可以不设沿程吹堵，只需在仓泵出口约 50~100m 的除灰管上引出一根与除灰管等径的旁通管至静电除尘器或烟道的入口，除灰管和旁通管的切换可采用电动分路阀或两只气动球阀，气动球阀一只装在分叉点后的除灰管上，另一只装在分叉点后的旁通管上。当发生堵管时，可切换电动分路阀（或打开旁路管球阀，关闭除灰管球阀），大多数情况下都能一次吹通，万一吹不通，则可在堵管状态下关闭仓泵出口的出料球阀，开启仓泵出料球阀后的吹堵总阀，使压缩开启进入堵塞部位，将堵塞部位的灰气排入烟道，同时分叉点前堵塞的灰也会由于卸压而松动，此时仓泵内的灰因出料球阀的关闭不能进入堵塞部位而增加疏通的负担。然后再将分路阀或两只气动球阀切换到正常除灰位置，使吹堵母管内的压缩空气对分叉点后的堵塞进行吹堵，如果还不能吹通，就再次切换电动分路阀或气动球阀向烟道卸压。通常再严重的堵管，最多三次这样的循环操作就可以吹通。因此旁通式吹堵是一种快速吹堵方法，一般少则几分钟，多则 30min 内就能排除堵塞的故障，而且可以在控制室内操作。

堵塞疏通后，将分路阀或气动球阀切换到正常输送位置，应继续采用程控或手动的方式把仓泵内的物料输完，然后空泵（不进料）用压缩空气吹约 10min 以清扫除灰管内的积料，以免影响下一次输送。

在吹堵的同时，应根据上述的堵管原因进行查找分析、调整和消缺，并采取相应的纠正措施和预防措施，以免堵管的再次发生。原因找到了，处理就比较方便了。

（二）出力不足及其原因分析和处理

（1）仓泵装料量不足。根据《火力发电厂除灰设计规程》（DLT 5142—2002），仓泵内装料的充满系数为 0.8，就是说仓泵内料面上部需要留空总容积（几何容积）的 20% 作为仓泵内物料在气化后的膨胀余地。而在实际运行时仓泵内的物料是否真正达到了这个位置？如未达到就会使装料量不足，从而引起输送出力的不足。

因此如果调试或运行时发现出力不足，应核对仓泵的装料量。如果是装料量不足或因煤种变化等原因引起灰量增加需适当提高装料量时，可采取下列处理方法：

1）调整料位计的高度使测点位置抬高。对于在仓泵顶部垂直插入安装的料位计，可在安装法兰间加垫需要厚度的垫圈来适当提高料位计的安装高度，或换用较短探杆长度的料位计；对于侧装式料位计，需将原安装孔封堵，另在适当位置重新开孔焊装料位计安装座，但这应征得生产厂家的同意，并由压力容器持证焊工进行操作。

2）在 PLC 软件上增加延迟时间，使料位计发讯后再装一段时间料，从而增加装料量。

3）当采用时间控制模式时，可适当增加装料时间或电动锁气器的供料时间。

（2）输送时间过长。仓泵是一种需装满料后关闭进料阀才能输送的非连续输送设备，如果输送时间过长，则单位时间内输送的罐数少了，输送出力自然不足。影响输送时间的因素主要有：

1）扫积时间过长。气力输送过程中会有一些大颗粒在管底沉积，输送后期需留有适当的时间用压缩空气进行扫积，但要全部吹干净需要花费很长的时间，也不现实。实际工程中通常都允许管内有少量积料，数量以不影响下一次输送为度。

2）仓泵马蹄管高度过小，使输送浓度过低，造成输送时间延长，同时还会使马蹄管口和气化板的磨损加剧，应予适当调整。

3）仓泵一、二次风配比调节不当，使输送浓度降低，输送时间延长。

4）输送空气量过大，造成流速过大，浓度降低，压力下降缓慢，从而使输送时间过长、磨损增加。

5）仓泵进料阀或排气阀泄漏，造成输送动力不足、输送缓慢，甚至堵管或仓泵内的灰送不完。

6）仓泵上部加压不够，使仓泵内物料向输送管的卸出速度不足而延长输送时间。处理时应开大仓泵上部的加压手动平衡阀，同时调小二次风进入输送管的入口面积，使二次风管内的压力大于仓泵下部的压力。

7）对采用集中空压机站用管网供气的系统，宜采用适当的孔板节流，以防气量过大而使压力长期降不到关泵压力，造成输送时间延长。

（3）压力回升时间过长。在双仓泵运行时，当一只仓泵输完料后，系统空气母管的压力降至关泵压力，这时是不能立即对另一只仓泵进行输送的，应等压缩空气的压力上升到开泵压力才能进行。空气母管的压力从关泵压力升到开泵压力的时间称"压力回升时间"，它与空气管道和储气罐等的储气容积及空压机的排气量有关。压力回升时间过长，就增加了仓泵满料后的待料时间，从而减少了单位时间内的输送量。减少压力回升时间的途径有：

1）选择适当的开泵压力，不宜过高；

2）减少空压机房到仓泵的距离和储气罐的容积，即减少需压力回升的储气容积；

3）检查消除空气管道中可能存在着的泄漏；

4）适当提高关泵压力。

（4）装料时间过长。显而易见，单仓泵系统装料时间长了，单位时间内用于输送的时间就少了，自然会使出力下降。对于双仓泵系统，装料时间宜等于或略小于输送时间加压力回升时间。如果装料时间长了，不但会使两只仓泵都等待输送而浪费时间和减少出力，而且还会在开泵时使空压机处于卸荷状态，容易诱发堵管等故障。

要减少装料时间，可适当调大供料设备的出力，如增加电动锁气器的转速或更换更大出力的锁气器；增加供料管的直径；使供料管尽可能垂直安装等。此外，应注意保持供料管道内物料能顺畅地下卸，防止物料受潮或冷空气的进入；必要时可加设或调整气化加热装置，以加速物料的下卸。

（5）因煤种变化等原因造成灰量增加，超过了系统设计的处理能力。此时应采取措施增加装料量，减少输送时间，以尽可能将灰从系统排出。否则只能另设水出灰等旁路输送系统或采用更大容积的发送器。

（6）当输送油灰或冷态粉煤灰时，由于灰的流动性较差，会暂时减少出力。但随着油灰的输完和灰温的提高，出力会趋于正常。

（7）当因系统设计有误，实际出力达不到设计出力时，应重新核算，并采取适当的调整措施；实在达不到的，则需更换更大容量的设备或增设旁路输送系统。

（8）因设备质量问题使故障处理时间较长，占用了输送时间而影响除灰能力的，应尽可能将故障设备修复到设计要求，必要时换用质量较好的设备和元器件。

第三节　气力输灰系统的运行中常见故障分析

一、对气力除灰系统运行的一般要求

对气力除灰系统运行的一般要求有：

（1）气力除灰是一个独立的系统工程，在电厂内不同于其他专业，宜单独设立一个机构，可称为分场或车间，来全面统一负责系统的运行和检修。根据作者经验，若将运行和检修分开，弊病很多。此外，除灰宜与灰的综合利用结合起来，将综合利用的效益与运行的经济责任制挂钩，有利于搞好运行，促进气力除灰的技术进步，提高运行水平，并为电厂带来额外的经济效益。

（2）气力输送是一门既有一定的理论技术，又依赖实践经验的实用科学，

因此参与运行和检修的人员应具有中专或技校以上的学历，并经过气力输送的理论和实践培训后方能上岗。

（3）根据调试报告，结合其他电厂的成熟经验，编写自己的运行规程和管理制度，并不断地通过运行实践加以改进和完善。

二、气力除灰系统的运行及常见故障分析

（一）气力输送系统运行的注意事项

（1）严格按照系统运行规程和管理制度的要求进行运行操作和检修。

（2）每班应认真做好运行和检修的书面记录，特别是在运行参数有异常或故障时，并做好交接班工作。

（3）每班应对系统设备进行 1~2 次巡检，对有要求的参数或异常工况应列入书面记录；对需要定时加注润滑油的，要及时检查和更换；对易损件应作重点检查。需每班或定期检查的设备、项目或部位，应在运行规程中予以明确。

（4）对运行中出现的故障和泄漏要及时处理，特别是高磨琢性的粉煤灰在窄小的泄漏部位高速流动，极易很快磨出又深又大的口子来，造成修复困难，影响输送时间，甚至不得不更换设备。对于难以处理的较大故障，应及时向上报告，以便及时组织力量抢险。

（5）明确设计的气力除灰系统通常采用 100% 时间备用的方式，设计的系统输送能力往往是设计煤种灰量的 2 倍。就是说 4h（每半班）的灰量只需 2h 就能输送完，其余 2h 作为巡检、小修或备用，因此要充分利用这段时间来确保系统处于良好的工作状态。

（6）及时对系统和设备的运行工况进行总结，结合对故障的分析处理，不断积累经验和对系统、设备进行改进、完善和提高。

（7）保持合理的备品配件数量，以便在设备故障时能及时更换。

（8）对设备和系统的改进和完善应遵循"越简单越可靠"的原则，因为减少了多余的环节就是减少了故障点，但是必需的功能应当保留。

（二）系统运行中的常见故障分析和处理

1. 卸料不畅

静电除尘器灰斗和灰库卸料斗最容易发生卸料不畅的故障，其常发原因和相应的处理方法如下：

（1）灰斗中灰的存放时间较长、灰温较低，造成灰结露受潮黏结，引起卸料不畅，严重时甚至"起拱"堵塞。灰斗应当采取良好的保温和加热措施，不能向外漏灰和向内漏气；当发现卸料不畅时，应首先检查加热设备的工作是否正常，电加热器有无因短路、过热烧坏而失效的现象，蒸汽加热盘管有无泄漏或堵

塞现象；灰斗是否有泄漏现象；气化装置的供气压力和流量是否足够，气化空气的加热温度是否适当；如有则应予以修复。对经常发生卸料不畅甚至堵塞的，如没有装设气化加热设施的，最好能配置。气化装置的设置位置越靠近易"起拱"的喉部，其效果越好。

（2）电动锁气器叶轮与外壳间的间隙过大，造成外部的冷空气，特别是箱式冲灰器内的湿空气被灰斗内的负压吸入，顶住了灰的下卸，同时造成灰结露受潮而黏结成团，引起卸料不畅和堵塞。因此卸灰系统必须采用能锁气的电动锁气器作为定量卸料设备，对已有的叶轮给料器，如果间隙过大，则可在叶轮上堆焊后车加工，使单面间隙保持在 0.3~0.5mm，然后再装入。

（3）当有油灰或因锅炉燃烧工况等原因需要将灰温较低、含水量较高的粉煤灰在灰斗中存放时，应尽量减少存放时间，并在卸出时加强气化加热措施。

（4）卸灰管和阀门应保持密封，并尽可能也采取保温措施。卸灰管要尽量保持垂直安装，至少要与水平面保持 60°以上的夹角。

（5）卸灰时保持排气的通畅；排气管要与水平面保持 45°以上的夹角，以防排气中的灰颗粒在排气管内沉积而堵塞排气管。

2. 局部阻力较大

粉煤灰具有较高的磨琢性，特别是在 SiO_2 含量较高时，当灰气两相流高速流动时，会引起很大的磨损。

（1）保持可靠的密封。密封不良时会在缝隙和小孔处形成每秒数十米以上的高速灰气流，使缝隙很快磨大，有时会造成不可弥补的设备损坏。对两相流泄漏的对策，保持密封是根本，采用耐磨材料只是治标。事实证明，有了泄漏再硬的材料也抗不住，只能稍延长一些使用时间。因此，在运行中要对密封环节勤检查，出现泄漏要立即处理，不能拖延。要特别注意阀门内部阀芯部位的密封。阀门的密封宜用软、硬材料配合，这比两种硬材料的密封要可靠，而且加工精度也可以适当降低。

（2）避免设备、阀门内的两相流通道和除灰管有急剧的拐弯，选取适当的拐弯半径，控制合宜的流速。静电除尘器灰的最大输送速度宜小于 30m/s。

（3）除灰管的弯头是局部磨损较严重的部位，因为弯头内的内侧面直接受到灰气流的冲刷。因此宜采用铸石、合金钢弯头或复合材料（钢-塑、钢-陶瓷等）制作的弯头；或者采取降低弯头部位流速的方法，用球形弯头或适当扩大弯头部位的通径；为降低弯头的质量，可选用外侧壁厚、内侧壁薄的弯头；为了弯头磨损后更换方便，可选用外侧背可更换式弯头。弯头的曲率半径按《火电发电厂除灰设计规程》（DLT 5142—2002）是（6~10）D，国外有研究资料认为曲率半径 $R = 2.7D$ 就可以。弯头磨穿后的处理，对用可焊接材料制作的，可采用焊补或用钢板贴补，建议在弯头外侧背用槽钢顺圆弧焊一个背包，里边灌入混凝土，可以使用较长时间。对其他弯头，除可卸侧背式弯头可直接更换侧背外，一般只能更换整只弯头。

（4）除灰直管一般磨损比弯头小，水平放置时的磨损主要在底部，为降低投资，可采用厚度为 7~10mm 的厚壁碳钢管。发生磨穿现象时，可在焊补后将水平管旋转 120°，避开已磨损的管底部，使 1 根钢管顶 3 根用。合金钢管由于价格高、质量小、支架密，投资要比厚壁碳钢管高 10 倍；铸石管须内衬钢管，否则在运输、安装或运行中如受到振动、敲打时极易碎裂而堵塞管道，国内已有发生这种故障的先例；复合钢管价格昂贵，但这是一个发展方向。

3. 除灰管背压过高

除灰管背压过高通常都是因布袋除尘器工作不正常引起的，会造成除灰不畅，严重时会引起堵管。

（1）由于粉煤灰在经过静电除尘器时带有静电，输送时与管壁摩擦后也会带静电，而带静电的粉尘会牢牢地吸附在滤袋上很难振打下来。因此用于粉煤灰的布袋除尘器滤料应经过防静电、拒水处理，用一般的滤料常会在滤袋上黏附很厚一层灰，增加了过滤阻力，使背压过高。

（2）用于气力除灰系统的布袋除尘器入口含尘气体的含尘浓度可达 800g/m^3，远大于通用的布袋除尘器的 20~40g/m^3，加上粉煤灰的易吸附性，因此要求用于粉煤灰的布袋除尘器的过滤速度为 0.6 ~0.8m/min，最大应不大于 1m/min，否则极易造成背压过高。

（3）可通过布袋除尘器上的脉冲控制仪适当调长脉冲时间，以增加脉冲空气对布袋的冲击力；布袋的长度宜不大于 2.4m；在布袋脉冲反吹时检查布袋的抖动情况，布袋底部在充气时的膨胀抖动应当有力。

（4）布袋除尘器的脉冲反吹空气应当经过净化干燥处理，其大气露点温度应不高于-40℃。

（5）适当调整灰库顶部安装的压力-真空释放阀上的配重，使之保持适当的背压，又不冒灰。

4. 仓泵打开进料阀瞬间冒灰

仓泵打开进料阀瞬间冒灰是由于仓泵内的余压未完全泄放。因为输送终了关泵时，仓泵和输送管内尚有大于 0.1MPa 的压力，如果不把这个压力泄放掉，进料阀打开时它就会进入低压卸料管引起冒灰。这时应通过 PLC 调整仓泵排气阀的打开时间，使之比进料阀的开启时间提前 5~10s，使仓泵内的余压通过排气管泄放掉。如果进料阀和排气阀用同一个电磁阀控制，可在进料阀控制气管上串接一个一定容积的缓冲罐，或将两者分别用电磁阀控制。

5. 电动锁气器热态刮擦

电动锁气器热态刮擦是由热膨胀或轴承、叶轮、叶轮端盖、外壳的不同轴引起的。对于不同轴的，应拆下测量检查，重新车加工或安装调整；如果确实是膨胀余量不够，可将叶轮外径适当车小。当因严重刮擦或异物卡滞而使保护销拉断的，应在排除故障后用同材料、同直径、同热处理硬度的销轴更换。

6. 空气斜槽输送不畅

（1）输送空气量宜保持在每平方米透气层 $2m^3/min$，过大则会破坏透气板与灰之间的气垫层，使灰与透气板直接摩擦，增加了阻力，使输送工况变差。当输送空气量适当时，打开斜槽上的手孔门观察，应无灰气冒出，槽中的灰呈快速流动的层流，灰面上有少量的气泡，但不呈沸腾状，这是理想的工况。

（2）斜槽的排气应通畅，排气管与水平面的夹角应大于45°，上接静电除尘器进口，有微负压。

（3）斜槽的输送空气宜加热到120℃。

（4）输送粉煤灰的斜槽斜度应不小于8%，当灰颗粒较粗、灰温较低、含水量较高或采用其他办法无法改良斜槽的输送工况时，可适当提高斜槽的斜度。斜槽每提高1%的斜度，可提高20%的出力。

（5）斜槽的长度较长时，每 10～15m 宜增加一个进气口，并对下槽进行隔离。

参 考 文 献

［1］张荣善．散料输送与贮存［M］．北京：化学工业出版社，1994.

［2］原永涛，等．火力发电厂气力除灰技术及其应用［M］．北京：中国电力出版社，2002.

［3］张殿印，王纯．脉冲袋式除尘器手册［M］．北京：化学工业出版社，2011.

［4］杨伦，谢一华．气力输送工程［M］．北京：机械工业出版社，2006.

［5］黄标．气力输送［M］．上海：上海科学技术出版社，1984.

［6］吴建章，李东森．通风除尘与气力输送［M］．北京：中国轻工业出版社，2009.

［7］崔功龙．燃煤发电厂粉煤灰气力输送系统［M］．北京：中国电力出版社，2005.

［8］朱玉华．自动控制原理［M］．北京：中国石化出版社，2010.

［9］饶纪杭．热工开关量控制系统［M］．北京：水利电力出版社，1985.

［10］李江，等．火电厂开关量控制技术及应用［M］．北京：中国电力出版社，2000.

［11］刘建平，杨济航．自动化技术在粉体工程中的应用［M］．北京：清华大学出版社，2012.

［12］张汉林．阀门手册——使用与维修［M］．北京：化学工业出版社，2013.

［13］汪道辉．逻辑与可编程控制系统［M］．北京：机械工业出版社，2001.

［14］郁汉琪，郭健．可编程序控制器原理及应用［M］．北京：中国电力出版社，2010.

［15］汪道辉．可编程控制器原理及应用［M］．北京：电子工业出版社，2011.

［16］程子华，刘小明．PLC原理与编程实例分析［M］．北京：国防工业出版社，2010.